晨曦集

楊振寧 ● 翁帆

编著

楊振寧近照
（攝于2005年）

繁體版序

　　簡體字版的《晨曦集》出版以來，各方反應極好，認為是一本從多方面探討我的做人做事風格，做學問做導師態度，以及對科學前景看法的書。我很高興八方文化現在出版繁體字版。

楊振宇

前　言

　　10年以前，在《曙光集》的前言裏，我這樣解釋為什麼取了這個書名：

　　　　魯迅、王國維和陳寅恪的時代是中華民族史上一個長夜。我和聯大同學們就成長於此似無止盡的長夜中。
　　　　幸運地，中華民族終於走完了這個長夜，看見了曙光。
　　我今年85歲，看不到天大亮了。翁帆答應替我看到……

　　當時覺得改革開放30年，看見了曙光，天大亮恐怕要再過30年，我自己看不到了。

　　沒想到以後10年間，國內和世界都起了驚人巨變。今天雖然天還沒有大亮，但曙光已轉為晨曦，所以這本新書取名為《晨曦集》。而且，看樣子如果運氣好的話，我自己都可能看到天大亮！

　　為編輯此書，許晨女士做了大量工作，謹在此致謝。

楊振寧

2017年8月

目錄

20世紀理論物理學的三個主旋律：
量子化、對稱性、相位因子[*]

有人說20世紀是物理學的世紀。這是非常有道理的：在這個世紀裏，人類首次發現了核能，這是自人類祖先發現火以來發現的第二種同時也更加強大的能源；在這個世紀裏，人類學會了控制電子，從而創造了晶體管和現代計算機，並由此改變了人類的生產力和生活；在這個世紀裏，人類學會了如何探究具有原子尺度的結構，因而發現了雙螺旋這把打開生命奧秘之門的鑰匙；同樣還是在這個世紀，人類突破了地球的束縛，在月球上邁出了最初的腳步。總而言之，這是一個人類在許多領域的前沿取得了前所未有的進步的世紀。而這些進步主要是由物理學領域的驚人進展促成的。

人們很難不對20世紀物理學的巨大發展在人類歷史上所起的決定性作用產生深刻的印象。但儘管這些發展在人類歷史上具有決定性的意義，實際上它們卻並不代表20世紀物理學發展的輝煌之處。

---

[*] 本文是楊振寧2002年在巴黎國際理論物理學會議TH-2002上做的報告。本書文章未特別署名者，均為楊振寧著。

　　20世紀物理學真正的輝煌之處，在於對一些源自人類文明之初的重要基本概念——空間、時間、運動、能量，以及力——的深入理解。對所有這些基本概念，我們的理解都發生了深刻的變化，而這種變化帶給我們的，是對自然的一種更加優美、更加微妙、更加精準，同時也更加統一的描述。

　　近些年裏，人們對20世紀物理學的詳細歷史進行了方方面面的研究。我並不打算在這裏探究這些方面的問題。我的目的只是從這段歷史中尋找發展的主題，追蹤貫穿其概念發展全過程的三條主線。這些主線以各種形式反反復復地出現，或單獨露面，或彼此交織，就像交響樂中的主旋律一樣。我們將會看到，這三個旋律共同決定了20世紀物理學主要發展的基調和特色。

一　量子化

　　20世紀剛開始，普朗克（Max Planck, 1858-1947）就發表了一篇論文，論文中引入了一個常數，這個常數現在叫"普朗克常數"，它表示作用量子。就像交響樂前奏曲中開頭幾個小節一樣，它將成為20世紀物理學的第一主旋律。

　　普朗克是一位非常謹慎的物理學家，提出作用量子這一大膽的思想對於他來說無疑是非同尋常的，但他卻這麼做了。然而，經過慎重的思考，他又開始害怕起來，以至於在接下來的幾年裏，他想收回自己的觀點。而這一革命性的火把傳遞到了年輕一代物理學家的手中：愛因斯坦（Albert Einstein, 1879-1955）首先把它用到光電效應方面，接著玻爾（Niels Bohr, 1885–1962）又闡述了他的氫原子量子理論。1918年，普朗克發表他的題為"量子理論的創立和當前的發展狀況"的演講時說道：

> ……如果說來自於物理學不同領域的各種實驗和經驗提供了支持作用量子存在的令人印象深刻的證據，那麼，玻爾原子理論的建立和發展則是對量子假設的更大支持……

接下來他概述了玻爾理論在推廣時所取得的成功和遇到的挫折，不過在演講的最後，他做出了如下積極的評論：

> ……今天如此令人不滿意的東西，日後從更高更有利的角度來看，或許由於其特有的和諧性與簡潔性而最終顯得非常傑出……

最終"更高更有利的角度"的確通過量子力學的發展而出現了，但卻是在經歷從1913年到1923年這段困擾人的大混亂期才出現的。著名的物理學史家派斯（Abraham Pais, 1918–2000）曾借用狄更斯的名言對這一時期進行描述：

> 那是希望之春，
> 那是絕望之冬。

奥本海默（Robert Oppenheimer, 1904–1967）1953年在里思講座（Reith lecture）中的描述或許最能代表那一時期的物理學家們心中的感覺：

我們對原子物理的理解，即對所謂原子系統量子理論的理解，起源於本世紀初，而對它所做的輝煌的綜合與分析則完成於20年代。那是一個值得歌頌的時代。它不是任何個人的功績，而是包含了不同國家許多科學家的共同努力。然而從開始到結束，玻爾那種充滿著高度創造性、敏銳和帶有批判性的精神，始終指引著、約束著事業的前進，使之深入，直到最後完成。那是一個在實驗室耐心工作的時期，是一個進行有決定意義的實驗和採取大膽行動的時期，同時也是一個帶有許多錯誤的開端和許多站不住腳的臆測的時期。那是一個包含著真摯的通信和匆忙的會議的時代，是一個辯論、批判和伴隨輝煌的數學即興創造的時代。

對於那些參加者，那是一個創造的時代，在他們對事物的新的認識中，既有滿足感，也存在著恐懼。這也許不會作為歷史而被全面記錄下來。作為歷史，它的再現將要求像記錄俄狄浦斯（Oedipus）或者克倫威爾（Cromwell）的動人故事那樣崇高的藝術，然而這一工作領域卻和我們日常經驗的距離如此遙遠，因此很難想象它能為任何詩人或任何歷史學家所知曉。

為了說明那一時期的物理學家們跌宕起伏的深刻感受，讓我們來看看1925年5月21日泡利（Wolfgang Pauli, 1900–1958）寫給克羅尼格（Ralph Kronig, 1904–1995）的一封信：

> 現在物理學又一次走進了死胡同。至少對我來說是如此。它太難了。

5個月後，泡利在另一封給克羅尼格的信中寫道：

> 海森伯的力學又點燃了我對生活的熱情。

在這兩封信之間發生的讓泡利感到激動的事情，是海森伯（Werner Karl Heisenberg, 1901–1976）在"迷茫中"經歷了一番具有歷史意義的摸索後，找到的一些模糊的感覺。海森伯曾在晚年說過的一段著名話語中將1925年的這次摸索比作爬山：

> 你有時候……爬上某個山頂，但到處都是霧……拿地圖或者有什麼別的指示信息，知道按圖索驥該怎麼走，可依然完全迷失在茫茫大霧中。這時……茫白霧中你突然朦朦朧朧地恰好看見一些微小的東西，由此你可以判斷，"噢，這就是我要找的巖石"。在你看到它的那一瞬間，整個情景就完全發生了變化，因為儘管你依然不知道自己是否能到達那塊巖石，但起碼這個時候你心裏有數了，"……我知道自己在哪裏了，我得想辦法靠近巖石，然後肯定就能找到通向山頂的路了……"

海森伯在1925年的那一天所找到的模糊感覺，最終導致了量子力學的誕生。它無疑是人類歷史上最偉大的智力革命之一。

二　對稱性

第二個主旋律，對稱性，最早起源於1905年愛因斯坦引入狹義相對論的那篇論文。那篇文章發起了一場偉大的革命，使物理學家們的時空概念產生了深刻的變化。直到1908年閔可夫斯基（Hermann Minkowski, 1864–1909）發表了一篇文章，人們才發現，這場革命可以通過時空之間的四維對稱性而用一種漂亮的數學方式描述出來。雖然一開始愛因斯坦自己並沒有對閔可夫斯基這一"故弄玄虛"的工作留下深刻的印象，但他很快就改變了主意，並且更前進一步：他試圖將狹義相對論的對稱性大大推廣——閔可夫斯基的論文從數學上將它闡述為物理定律在洛倫茲變換下的不變性。多年後，愛因斯坦在他的《自述摘記》（*Autobiographical Notes*）中描述了他是如何想到推廣不變性（即對稱性）的：

> ……狹義相對論的基本要求（定律在洛倫茲變換下的不變性）太狹窄，也就是說，必須假定在四維連續統中的非線性坐標變換下定律也將保持不變。這是發生在1908年的事情。

經過愛因斯坦長達八年的奮鬥，這一更大的不變性最終促使了廣義相對論的誕生。

　　現在看來，愛因斯坦—閔可夫斯基—愛因斯坦這一發展過程是"對稱性決定相互作用"主題的第一個範例，關於這一點後面還會講到。當時，並沒有人立即採用和發展這一主題。因此它蟄伏了很多年，而和它稍有差別的另一主題卻隨著量子力學的出現而得以廣泛應用。

　　順著這一話題，我們又得回到主旋律一：量子化。隨著光譜學實驗的巨大發展，以及1913年玻爾理論的提出，量子數進入到原子物理學的語言中。它們被用來描述動力學系統的狀態。在量子力學闡述之後，物理學家們認識到，其中的一些量子數和動力學系統的對稱性有著密切的關係，而一個叫作群論的優美而成熟的數學分支，正好適合處理對稱性的概念：比如，實驗中觀察到的量子數，在群論中全都是自然存在的。

　　然而，對於基本物理學中新加入的對稱性概念，大多數物理學家一開始是抵制的。物理學家們發明了"群禍"（group pest）一詞，專門用來描述深奧複雜的陌生數學概念的入侵。五六年以後這種抵制才消除，隨著從20世紀30年代開始的核物理學的發展，以及50年代開始的基本粒子物理學的發展，對稱性和群論才逐漸成為物理學中的一個重要主題：例如，50年代和60年代的大部分時間裏，基本粒子物理學的研究方向主要是找到新粒子的量子數及其背後的對稱性。下面一段摘自本人1957年的一篇演講中的話，可以用來說明那些年裏人們是如何看待對稱性概念的：

　　　直到量子力學發展起來，對稱性原理才開始滲透到物理學語言之中。描述物理系統狀態的量子數往往和表徵系統對稱性的參數相同。實際上，對稱原理在量子力學中的重要性是毋庸置疑的。舉兩個例子：元素週期表的總體結構本質上就是庫侖定律各向同性的結果。反粒子——正電子、反質子以及反中子——的存在，也是根據物理規律在洛倫茲變換下的對稱性而預測的結果。在這兩種情況下，大自然似乎都有效地利用了對稱性定律的簡單數學描述。如果你靜靜地想一想相關數學推理的巧妙性和完美性，並拿它和複雜而意義深遠的物理結果進行比較的話，你會不由自主地對對稱性定律的魅力生出深深的敬意。

三　相位因子

狄拉克（Paul Dirac, 1902–1984）是量子力學大廈的締造者之一。量子力學中有關力學變量 p（動量）和 q（坐標）之間非對易性的數學基礎，就是他建立起來的。所以，他在1972年70歲的時候發表的下述看法頗為引人注目：

因此，如果有人問到量子力學的主要特徵是什麼，我覺得我現在會說它不是非對易代數。所有原子過程都建立在幾率振幅存在的基礎之上。如今，幾率振幅只是部分地和實驗相關。它的模的平方是我們能夠觀察到的。那正是實驗人員得到的幾率。但除此之外還有一個相位，它是一個模為1的數，它的變化不影響模的平方的值。這個相位非常重要，因為它是所有干涉現象的原因，但它的物理意義模糊不清。所以海森伯和薛定諤的真正偉大之處可以說就是發現包含這一相位因子的幾率振幅的存在。該相位因子在自然界隱藏得非常之深，也正因為它隱藏得太深，人們才沒能在更早的時候想到量子力學。

在之前的各種波動理論中當然早就有了相位的概念，但它進入基本物理學卻有著曲折的歷史，我們可以將其概括為如下幾個階段。

（a）在愛因斯坦通過引入二次微分形式 ds^2 而將引力幾何化之後，1918年外爾（Hermann Weyl, 1885–1955）試圖通過引入線性微分形式 $d\varphi$ 來將電磁學幾何化。他認為 $d\varphi$ 等於 $A_\mu dx^\mu$ 乘以一個常數，並考慮如下"伸展因子"（stretch factor）

$$\exp\left[-\frac{e}{\gamma}\int A_\mu dx^\mu\right] \tag{1}$$

將它用到沿四維路徑輸運的粒子上，類似於廣義相對論中矢量的平行位移。愛因斯坦對外爾的這些想法進行了批評，他指出，如果一個米尺在沿世界線的方向連續伸展，那麼米尺的標準化就不可能了，這是一個毀滅性的批評。外爾無言以對。

（b）1922年，在一篇題為《關於單電子量子軌道的奇特性質》的論文中，薛定諤（Erwin Schrödinger, 1887–1961）注意到，外爾的伸展因子在沿玻爾軌道計算時會得到一個指數，該指數等於一個常數的整數倍。薛定諤說這是一個值得注意的特性，他說：

　　很難相信這一結果僅僅只是量子條件的一個偶然的數學結果，而沒有深層次的物理意義。

　　接下來他猜測常數 γ 應該取什麼樣的值。事後想想，真正奇特的是這樣一個事實，那就是薛定諤提到的可能值中包含這樣一個結果

$$\gamma = -i\hbar \qquad\qquad (2)$$

　　在這種情況下，伸展因子將等於1。……我不敢判斷在外爾的幾何中這是否有意義。

　　所有這一切發生在1922年！要是薛定諤順藤摸瓜地研究下去，他可能早在1922年就發現了波動力學！事實上，他顯然放棄了這一思路，只是到1925年末當他讀了德布羅意（Louis Victor de Broglie, 1892–1987）關於粒子波長的看法之後，才又重新考慮它。在1925年11月3日寫給愛因斯坦的一封信中，他這樣寫道：

　　在我看來，德布羅意對量子規則的詮釋，在某些方面和我發表於1922年的一篇論文（*Zs. F. Phys.* **12**, 13 (1922)）中所注意到的現象有關聯。在該論文中，我證明外爾的"規範因子" exp[–∫φdx] 在每一個準週期裏有一個奇特性質。在我看來，兩者的數學是一樣的，只是我的結果更加形式化，不如德布羅意的那麼漂亮且具普遍性。德布羅意在他的大理論框架之中的考慮所具有的價值遠遠大於我的零散、單一的陳述，而且我當初甚至都不知道它有什麼意義。

兩個半月以後，也即1926年初，他將他創立波動力學的重要論文提交發表。

　　將（2）式代入（1）式，外爾的伸展因子就變成了相位因子。回想起來，那正是相位主旋律首次進入量子力學，不過還只是作為一種隱隱約約、似有若無的重復背景音。

　　（c）1926年以後，薛定諤沒有再回到這一主題，因此沒有對它做進一步的研究。實際上，他強烈反對將$i = \sqrt{-1}$引入他的波動方程。是福克（Vladimir Fock, 1898–1974）和倫敦（Fritz London, 1900–1954）認識到有必要將i引入量子電動力學中的。倫敦特別在1927年發表了一篇題為《外爾理論的量子力學詮釋》的論文，其中引用了薛定諤1922年的論文。在倫敦的這篇論文中，伸展因子——已經變成了相位因子——是討論的中心問題。

　　（d）1929年，外爾重又發表了一篇重要的論文，它真正發起了過去和現在都被誤稱為電磁學規範理論（實際上應該稱之為電磁學相位理論）的研究。這篇了不起的論文同時還討論了二分量中微子理論，該理論在50年代成為非常重要的理論。

　　（e）外爾的論文比較散亂和具有哲學意味，和我同時代的物理學家很少有人去讀他的文章。我們都是從泡利發表於《物理手冊》（1933）和《現代物理評論》（1941）上的評論文章中了解到外爾的電磁學規範理論的。但泡利沒有強調外爾的伸展因子概念改變為電磁學的相位因子。因此，相位因子的重要性又過了幾十年才被人們認識到。

四　發展

　　三個主旋律全部都是20世紀最初幾十年裏引入的。它們在20世紀剩下的歲月中所發揮的作用和音樂中主旋律的作用非常類似：經歷展開、變奏和迴旋。

　　40年代後期，宇宙射線實驗中發現了許多新粒子。因為它們出乎人們的意料，所以被稱為"奇異粒子"。這些奇異粒子之間，以及它們和已知粒子之間的相互作用，自然成為討論的話題。有幾年，這些討論都是遵循著這樣的思路：寫出洛倫茲變換下不變的耦合常數，比如標量介子具有矢量耦合常數，矢量介子具有張量耦合常數，等等，並求出每種可能性的可觀測結果。這樣的概念缺乏一個原理，一個普遍的相互作用原理。1954年，楊振寧和米爾斯試圖通過推廣外爾的電磁學規範理論來闡述這樣一個原理。他們注意到，根據外爾的理論，電荷守恆和一種不變性相關聯：規範不變性，或者規範對稱。因此，那時廣泛討論的另一種守恆定律，同位旋守恆，也許應該和一種普遍的規範不變性或者規範對稱有關。下面引用他們1954年論文中的原話：

　　　　同位旋的守恆表明存在著像電荷守恆定律那樣的一種基本的不變性定律。在電荷守恆定律的情形中，電荷充當著電磁場的源；而在同位旋守恆的情形中，一個重要的概念是規範不變性，與之密切相關的有（1）電磁場的運動方程，（2）電流密度的存在，以及（3）帶電場和電磁場之間可能的相互作用。我們嘗試著將這一規範不變性的概念進行推廣，把它應用到同位旋守恆定律上。結果表明，一種自然而然的推廣是有可能實現的。

這一自然的推廣就是後來的楊－米爾斯理論，或者叫作非阿貝爾規範理論。

還有另外一種方法也同樣可以實現推廣，那就是楊振寧和米爾斯在1954年的另一篇文章的摘要中一開始就指出的：

> 本文指出，通常的同位旋不變性原理和局域場的概念有不一致之處。

這句話有點誇大其詞。應該換成如下的說法：

> 本文指出，通常的同位旋不變性原理和局域場概念的精神相違背。

兩種實現推廣的方法都強調不變性，即對稱性。相位因子當然也在考慮範圍之內（它的整個發展就是一部量子力學理論），但那時它還不是推廣的關鍵所在。尤其是外爾重點考慮的伸展因子（變換為相位因子）沒有得到相應的推廣處理，只是到了1974年，它才最終得以推廣，並被稱為不可積非阿貝爾相位因子。

有了不可積相位因子，對稱和相位因子這兩個主旋律的迴旋就變得和諧而自然了。回顧這一歷史，令人感到驚訝的是，這兩個主題深得外爾一輩子的喜愛。不幸的是，在他1955年去世的時候，他沒能親眼看到自己的概念所結出的累累碩果。他在1949年的時候曾這樣評價自己：

> 赫爾曼・外爾——蘇黎世一匹孤獨的狼——也曾在這一領域忙碌；但不幸的是，他總是把他的數學和物理的以及哲學的猜想混為一談。

今天，我們應當說他的猜想具有驚人的洞察力，它們促使物理學史的進程發生了改變。

非阿貝爾規範理論在20世紀50年代並沒有給物理學界留下深刻的印象。該理論是仿照電磁學建立起來的。按照電磁學理論，諸如光子之類的矢量玻色子其質量為零，因此大家普遍認為在非阿貝爾規範理論中，矢量玻色子的質量亦為零。而這樣的介子既然在實驗上尚未被發現，該理論也就不具有說服力了。1954年，楊和米爾斯在論文的最後一段中討論了這個問題，並總結說：

> 在電動力學中，人們根據電荷守恆的要求得出了光子質量為零的結論。但在b場情形中不能做出相應的論證，儘管同位旋守恆定律依然成立。所以，關於b量子的質量我們沒能得出什麼結論。

然後到了60年代，好幾個物理學家提出了一種有關對稱性的重要的新觀念，即對稱破缺。按照這種觀念，在數學形式體系中可以有完美的對稱，但同時也允許物理現象中存在對稱破缺。這樣一來，非阿貝爾規範理論中的矢量玻色子就有可能具有非零的質量。從70年代初期開始，無論是在實驗上還是在理論上，這一觀念都受到了大力推崇，並導致了我們現在所謂的標準模型的誕生，該模型在描述粒子物理的大量實驗結果方面取得了極大的成功。

在非阿貝爾規範理論中，相互作用取決於對稱性（即關於規範變換的不變性）。因此有了這一原理：對稱性決定相互作用。它可以說是採用了愛因斯坦－閔可夫斯基－愛因斯坦旋律，後者早先曾經通過坐標變換下的不變性要求來決定引力相互作用。

雖然標準模型取得了極大的成功，但它有個重大缺點：對稱破缺的應用方式太特殊，而且不是唯一的。所以，沒有幾個物理學家相信標準模型是最終的理論。這個問題，連同廣義相對論和量子理論之間缺乏成功結合的問題，到20世紀末依舊是物理學的基本問題。

量子化、對稱性和相位因子這三個主旋律漂亮而微妙地交織於費曼的路徑積分體系之中，而對於非阿貝爾規範理論，再加上一條限制，即被積函數是一個時序乘積（timeordered product）

$$傳播函數 = \int \exp\left[\frac{i}{\hbar}\int(作用量)\right] d(路徑) \qquad (3)$$

對非阿貝爾規範理論：量子化通過作用量子 $\hbar$ 的存在而成為一個重要組成部分；而 $i = \sqrt{-1}$ 的存在表明相位因子是其中另一個重要組成部分。因為非阿貝爾規範理論的作用量在規範變換下具有微妙的乘法性質，所以對稱性也成為其中一個必不可少的組成部分。

令人驚訝的是，這三個主旋律均是從人類認知史中的原始概念演變而來的：量子化從測量單位的認識中發展而來；對稱性概念是從認識幾何形式之美的過程中發展起來的；相位概念則是從對月亮的相位進行觀察的過程中形成的。20世紀的物理學賦予了這三個概念以精確的數學意義，並把它們全都集中到路徑積分形式（3）中，而它所包含的豐富內容可以說是自牛頓和惠更斯以來物理學傳統中最優秀的部分。

（李香蓮譯）

附　記

（2017 年）

（1）2002年，我受邀在聯合國教科文組織（United Nations Educational Scientific and Cultural Organization, UNESCO）巴黎總部所主辦的國際理論物理大會上演講。聽眾大都是各國的科學家和教育界人士，他們各有不同的背景。我如何向這樣的聽眾表達我對20世紀理論物理學戲劇性的革命進展的感受呢？最後我決定用一種印象派的方法，儘量不用數學公式。我的演講似乎受到了聽眾的歡迎。

費爾‧安德遜[1]也在會上做了一個凝聚態物理的特約演講。他開始時放了一張幻燈片，是1953年東京—京都會議上照的，那是在戰後破敗的日本舉行的第一次國際科學會議。這次會議，費爾和我都帶了各自的妻子和第一個孩子，那時他們都只有2歲。

這次會議的組織人明顯是頗有眼光的物理學家；與會者當中有超過12位未來的諾貝爾獎得主。

（2）21世紀理論物理學的主旋律是什麼呢？在充分明白其中可能涉及的風險後，請允許我做如下的一些猜測。

由於人類面臨大量的問題，21世紀物理學很可能被各種應用問題主導。這些當然非常非常重要，但是與20世紀的主旋律相比較，它將缺乏詩意和哲學的品質。

如有一個領域發生重大的基礎性革命，我相信那將是天文物理學領域。諸如暗物質、暗能量的迷惑將會被美麗的新概念所替代，非常類似於一個世紀以前菲茨傑拉德的收縮假說（Fitzgerald contraction hypotheses）被愛因斯坦的狹義相對論代替。

---

[1] 費爾‧安德遜（Philip Warren Anderson, 1923–），美國物理學家，1977年獲得諾貝爾物理學獎。

菩薩、量子數與陳氏級[*]

1946–1948年間，我在芝加哥大學物理系做了兩年半研究生。費米（Enrico Fermi, 1901–1954）那個時候常常跟我們幾個研究生到飯堂（cafeteria）去吃午飯。參加這些午飯的經常有 Goldberger，Chew，Chamberlain，Joan Hinton（寒春）和我，後來 Rosenbluth 和李政道等人也加入了。大約是1948年的一天，費米帶了一位矮矮的、瘦瘦的法國人到飯堂，那天多半是費米和那位法國人交談。事後我們問費米他是何許人，費米說，他是韋伊（André Weil, 1906–1998），是重要的數學家。費米還說，那天韋伊主要是講他猜想物理學家的一些新粒子可能與幾何學／拓撲學裏面出現的一些分類現象有關。

當時我們都沒有懂韋伊的意思。我現在想，那天韋伊到芝加哥大學訪問，可能是要和芝加哥大學數學系當時的系主任 Stone 討論

---

[*] 本文在南開大學2011年10月舉辦的"陳省身先生100週年誕辰紀念會議"上宣讀。

他到芝大的事情。後來，果然韋伊和陳省身先後接受了 Stone 的邀請，創建了芝大數學系20世紀50年代的輝煌十年。

韋伊（André Weil, 1906–1998）

　　1960年前後，陳先生西去伯克利，韋伊東去普林斯頓的高等研究院。陳先生告訴我，韋伊說陳先生西去是為了離中國近一些，他自己東去是為了離法國近一些。

　　韋伊和我在高等研究院以後同事了五六年。我們不同行，很少有交流的機會，所以我始終沒有和他討論過十多年前他和費米那天談話的內容。

　　70年代我了解了規範場與數學家的纖維叢的密切關係，了解了美妙的陳氏級，寫了一首詩《讚陳氏級》：

　　　　天衣豈無縫，匠心剪接成。
　　　　渾然歸一體，廣邈妙絕倫。

　　造化愛幾何，四力纖維能。

　　千古寸心事，歐高黎嘉陳。[1]

　　我也了解了深邃的 Chern-Weil 定理，從而自然地想起芝大的那一頓午飯時韋伊所講的可能就是陳氏級等幾何／拓撲學中出現的示性類。韋伊的這個猜想：把陳氏級等幾何觀念和物理中的一些量子數連起來有沒有可能是對的呢？我想很有可能：物理世界的基本結構是幾何的，這是愛因斯坦再三強調的，也是今天許多理論物理學家所堅信的。而且**整體微分幾何**中出現陳氏級等現象，與玻爾在**圓周**上創設量子化條件（如下圖）其**精神是非常相似的**。韋伊的猜想其實是很自然的。

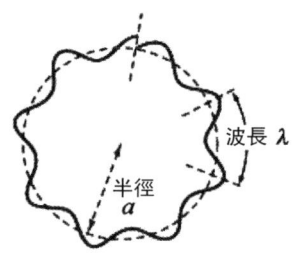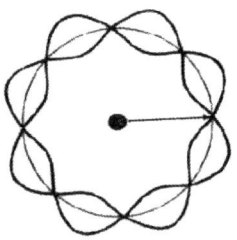

　　　　不符合量子化條件　　　　　符合量子化條件，量子數＝4

玻爾的量子化條件的德布羅意解釋。
左圖：圓周上波動數不是整數；
右圖：圓周上波動數是整數4（此二圖轉載自Google網站）。

---

[1] 楊振寧：《讀書教學四十年》，香港三聯書店，1985年，第99頁。陳氏級（Chern Class）今日規範譯名為陳氏類。"千古寸心事"源於杜甫的"文章千古事，得失寸心知"。歐幾里得（Euclid）、高斯（Gauss）、黎曼（Riemann）、嘉當（E. Cartan）是歷史上的幾何學大家。

　　20世紀70年代規範場與纖維叢的密切關係震驚了數學界。對此新發展陳先生當然非常高興，他曾在一次談話中講過一個故事，這個故事後來傳聞很多，多半不可信。當時的記錄是這樣的，陳先生說：

> 　　有一年我跟內人去參觀羅漢塔，我就感慨地跟她說："無論數學做得怎麼好，頂多是做個羅漢。"菩薩或許大家都知道他的名字，羅漢誰也不知道哪個是哪個人。所以不要把名看得太重。Riemann的工作為什麼重要呢？因為數學跟其他的科學一樣要不斷擴充範圍，大家重視的工作，都是開創性的工作。[2]

　　我解讀這段文字如下：陳先生當時認為自己是羅漢，還不是菩薩。這是不是表示他過於謙讓呢？我不是數學家，不能評說。但是如果韋伊1948年的猜想是對的，那麼陳先生的開創性的陳氏級等數學工作的重要性就要旁及物理世界的最最基本的結構了，那時數學仙山上的大雄寶殿中豈能不迎來一尊新菩薩？

---

[2] 《陳省身文選：傳記、通俗演講及其他》，科學出版社，1989年。

麥克斯韋方程和規範理論的觀念起源

　　早在法拉第的"電緊張態"（electrotonic state）和麥克斯韋的矢量勢（vector potential）概念中，規範自由度（gauge freedom）的存在就已經不可避免。它如何演化成一個支撐粒子物理標準模型的對稱原理？這裏有一段值得敘說的故事。

　　人們常說，繼庫侖（Charles Augustin de Coulomb）、高斯（Carl Friedrich Gauss）、安培（André Marie Ampère）、法拉第（Michael Faraday）發現了電學和磁學的四條實驗定律之後，麥克斯韋（James Clerk Maxwell）引入了位移電流，在他的麥克斯韋方程組中實現了電磁學的偉大綜合。這種說法不能說是錯的，但它並沒有道出微妙的幾何和物理直覺之間的關聯，而正是這種關聯促使場論在19世紀取代了超距作用的概念，也正是它帶來了20世紀粒子物理中非常成功的標準模型。

---

* 本文原載《物理》2014年第12期。

一　19世紀的歷史

1820年，奧斯特（Hans Christian Oersted, 1777–1851）發現電流能使其附近的小磁針偏轉。這一發現使整個歐洲科學界大為振奮，帶來的結果之一是安培（1775–1836）關於"超距作用"（action at a distance）的成功理論。在英格蘭，法拉第（1791–1867）也因為奧斯特的發現而激動不已，但他缺乏足夠的數學訓練，所以無法埋解安培的工作。在1822年9月3日寫給安培的一封信中，法拉第嘆息道："很不幸，我不具備足夠的數學知識，也不具備自如地進行抽象推理的能力。我只能從那些相互密切關聯著的事實中摸索出自己的道路。"[1]

法拉第所說的"事實"，指的是他那些已發表和未發表的實驗。從1831年到1854年的23年間，他把這些實驗結果匯編成三卷本，取名為《電學的實驗研究》，這裏我們簡稱為*ER*。不同尋常的是，這三卷本不朽巨著裏竟然沒有一個公式。從這裏我們可以看到，法拉第確實是以幾何直覺而非代數公式的方式摸索他的道路的。

下圖展示了法拉第1831年10月17日的日記裏的一幅圖。這一天，他發現把一根磁棒放入或移出一個螺線管，就會在其中產生電流。他就這樣發現了電磁感應現象。這個發現使得製造大大小小的發電機成為可能，由此改變了人類的技術發展史。

---

[1] F. A. J. L. James (ed.), *The Correspondence of Michael Faraday*, Vol. 1. Institution of Electrical Engineers, 1991, p. 287.

邁克爾・法拉第的蝕刻肖像。插入部分展示的是
他在1831年10月17日的日記中的一幅圖，這一天
他發現了電磁感應現象。

在 ER 三卷本裏，法拉第記錄了他的電磁感應實驗的各種變種：
他改變纏繞螺線管的金屬品種；把螺線管放在各種媒質中；在兩個
線圈之間產生電磁感應；諸如此類。他對以下兩種現象印象深刻：
第一，只有運動的磁體才能產生電磁感應；第二，電磁感應產生的
效果似乎與動因（cause）垂直。

在理解電磁感應的摸索中，他引進了兩個幾何概念：磁力線
（magnetic lines of force）和電緊張態（electrotonic state）。前者很
容易圖像化，只要在磁體和螺線管附近撒上一些鐵屑就行了。我
們今天用磁場強度 H 來表示這些力線。後一個概念，也就是電緊張

態，在 ER 全書中一直模糊不清，難以捉摸。它在第一卷中很早就出現了，見於第60節，但是沒有明確定義。在後續部分它以不同的名字出現過：奇特態（peculiar state）、張力態（state of tension）、奇異狀態（peculiar condition），還有其他一些名稱。例如，在第66節他寫道"所有金屬都可以呈現奇異態"；在第68節，他又寫道"這一狀態好像是瞬間呈現的"。此外，我們在第1114節還讀到：

> 如果我們努力把電和磁理解為同一個物理作用者（agent）的兩面，或者說是物質的一種奇異狀態（peculiar condition），表現在相互垂直的兩個方向上，那麼根據我的理解，我們必須認為這兩種形態或者說兩種力之間或多或少可以互相轉化。

1854年時法拉第已經63歲，此後他不再編寫 ER，但是直到那時，他的幾何直覺——所謂電緊張態，還缺乏明確定義，顯得難以捉摸。

二 麥克斯韋登場

恰好也在1854年，麥克斯韋（1831–1879）從劍橋大學三一學院畢業。此時他23歲，朝氣蓬勃，熱情洋溢。他在2月20日給湯姆孫（William Thomson）寫了一封信：

　　假如一個人對通常的電學展示實驗有些了解，但不太喜歡墨菲（Murphy）的《電學》，他應該如何閱讀和工作，才能在這個方向上收獲一些對進一步閱讀有益處的見解呢？

　　如果他想讀安培、法拉第的那些著作，他應該怎麼安排呢？在什麼階段他能夠閱讀您發表在《劍橋雜誌》（Cambridge Journal）上的那些文章呢？以什麼次序研讀呢？[2]

湯姆孫（1824–1907，後來被稱為開爾文勳爵）是一個神童。當時他擔任格拉斯哥大學教授已經八年了。麥克斯韋找對了人：1851年湯姆孫引進了今天我們稱之為矢量勢的A，從而將磁場表示為

$$H = \nabla \times A, \qquad (1)$$

我們接下來會看到，這個方程對麥克斯韋來說具有重大意義。

　　我們不知道湯姆孫是如何答復麥克斯韋的。我們只知道，僅僅一年多後，麥克斯韋在他的文章裏就利用方程（1）闡明了法拉第的電緊張態的含義。這篇文章是他那永遠改變物理學和人類歷史的三篇偉大論文中的第一篇。它們和麥克斯韋的其他一些作品可見於尼文（William Davidson Niven）在1890年編輯的兩卷本文集《麥克斯韋科學論文集》（*Scientific Papers by James Clerk Maxwell*，以下簡稱 *JM*）。

---

[2] Larmor J., *Proc. Cambridge Philos. Soc.*, 1936, 32:695. p. 697.

這篇發表於1856年的文章充滿了數學公式，所以比法拉第的 *ER* 易讀。它的主要結論包含在文章的第二部分，題為 "法拉第的電緊張態"。在這部分（*JM* 的第204頁），我們注意到一個方程，用今天的矢量形式寫出來是

$$E = -\dot{A}, \tag{2}$$

這裏的 *A* 就是法拉第的電緊張強度（electrotonic intensity）。

在3頁後，也就是 *JM* 的207頁，這一結果由文字重新表達如下：

定律六：導體中任何部位的電動力（electro-motive force）的大小和方向均由此處的電緊張強度的瞬時變化率決定。

將法拉第不可捉摸的電緊張態概念（或者稱為電緊張強度、電緊張函數）等同於方程（1）中湯姆孫的矢量勢 *A*，這件事在我看來是麥克斯韋科學研究中的第一個重大觀念突破。對方程（2）左右兩邊都取旋度，我們得到

$$\nabla \times E = -\dot{H}, \tag{3}$$

這正是法拉第定律的現代形式。它的另一種現代形式是

$$\oint E \cdot d l = -\iint \dot{H} \cdot d\sigma, \tag{4}$$

這裏 d*l* 是線元，dσ 是面積元。麥克斯韋沒有以方程（3）和（4）的形式寫下法拉第定律，因為他的主要目的是給予法拉第的不可捉

摸的電緊張態一個精確定義。矢量勢 A 這一概念確實在麥克斯韋一生的思想中處於一個核心位置。

用今天的術語來說，麥克斯韋知道方程（1–3）裏含有規範自由度（gauge freedom），也就是說，給 A 加上任意一個標量函數的梯度並不會改變最後結果。在 *JM* 第198頁的定理五中，他明確討論了規範自由度。那麼在方程（1–3）中他採用了什麼規範呢？他沒有討論這個問題，而是完全保留著 A 的不確定性。我的結論是：麥克斯韋默認存在 A 的某個規範使得方程（1–3）成立。

麥克斯韋也完全意識到將法拉第的電緊張態等同於湯姆孫的矢量勢 A 這件事的重要性。他擔心由此可能會引起和湯姆孫之間的優先權問題。所以，他以如下評論結束第一篇文章的第二部分：

> 關於目前這一理論的歷史，我可以說，據我所知，認識到某些數學函數恰好表示法拉第的"電緊張態"，以及利用它們來確定電動勢（electro-dynamic potentials）和電動力（electro-motive forces），這些是本文的原創；然而，清晰地構想數學表達的可能性，來自於我對湯姆孫教授論文的研讀。（*JM*，第209頁）

三　麥克斯韋的渦旋

在完成第一篇文章五年之後，麥克斯韋開始發表他的第二篇文章，它分成四個部分在1861年到1862年間陸續發表。和他之前的文章不同，這篇文章非常難懂。從 *JM* 第489頁我們可以看到，這篇文章的主要想法是以如下方式來理解電磁現象："按照這一假說,磁場裏充滿了無數旋轉著的物質的渦旋,它們的轉軸在每一點的方向都和磁場方向一致。"

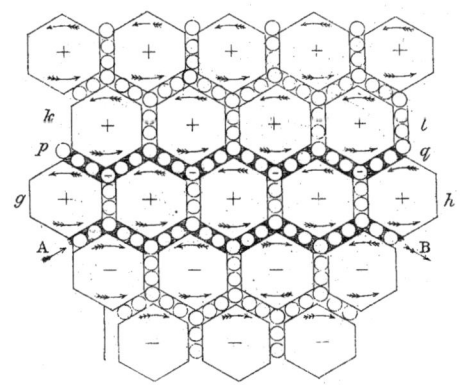

渦旋圖,選自1890年的文集《麥克斯韋科學論文集》中的插圖頁
(第488頁的對面)。倒數第二行裏有兩個六邊形渦旋的箭頭方向標錯了,
這可能是麥克斯韋的製圖員的疏忽。

麥克斯韋為這類複雜的渦旋群提供了一個明確的例子,見上圖。
對此,他在*JM*的第477頁詳細寫道:

> 以*AB*(插圖頁VIII,第488頁,圖2)表示從*A*到*B*的電流。以*AB*上方和下方的較大空白區域表示渦旋,並以分隔這些渦旋的小圓圈表示它們之間的粒子層,在我們的假說裏這些粒子代表電現象。
>
> 現在讓一個電流從左向右通過*AB*。這將帶動*AB*上方*gh*行的渦旋開始逆時針運動(我們記作"+"方向,相反方向記作"-"方向)。我們可以設想*kl*行的渦旋還處在靜止狀

態，這時，兩行之間的粒子層的下方在gh行渦旋的帶動下開始運動，而上方尚處於靜止。如果它們可以自由移動，它們將會朝負方向旋轉，同時從右向左運動，或者說朝著AB電流的相反方向運動，它們形成了感生電流。

麥克斯韋模型的這一詳細解釋出現在他的第二篇文章的第二部分，最初發表在《哲學雜誌》第21卷（1861年4–5月）。麥克斯韋對待他那複雜的渦旋網絡模型的態度明顯很認真，他在第二部分隨後的11頁裏細緻地研究了這一模型。

接下來，在1862年1–2月，麥克斯韋發表了第二篇文章的第三部分，標題是"分子渦旋理論應用於靜電學"。通過7頁分析，他得到命題14："由於媒質的彈性而產生的電流方程的修正"（JM，第496頁）。這個修正是指在安培定律中加入"位移電流"（displacement current）$\dot{E}$，修改後的安培定律用現代符號可以寫成$\nabla \times H = 4\pi j + \dot{E}$。

為了搞清楚麥克斯韋是怎樣得到他的修正項的，我曾經幾次試圖去讀麥克斯韋論文第二部分的最後11頁和第三部分的開頭7頁。我尤其想了解他所說的"由於媒質的彈性"具體指的是什麼。我的所有嘗試都失敗了。值得一提的是，在第二部分的最後11頁，"位移"這個詞只是在第479頁出現了一次，而且是在一個不太重要的句子裏，可是在第三部分的開頭7頁，這個詞成了麥克斯韋的重點。所以，在發表這兩部分之間的8個月裏，麥克斯韋大概探索了渦旋網絡模型的新特徵，並得出了位移電流。

　　在命題14之後，麥克斯韋很快得出電磁波應該存在這一結論。他計算了它們的速度，並和當時已知的光速做比較，得到了一個極其重大的結論："我們幾乎無法迴避這樣的結論：**光是某種媒質的橫向波動，這種媒質正是產生電磁現象的同一種媒質。**"（*JM*，第500頁，黑體是麥克斯韋自己所加）

　　麥克斯韋是個虔誠的教徒。我想知道，在做出如此巨大的發現後，麥克斯韋是否曾在禱告的時候因為揭示造物主的最大秘密之一而請求寬恕。

四　場論的誕生

　　麥克斯韋的第三篇文章發表於1865年，其中提出了今天我們所熟知的麥克斯韋方程組。如果用矢量形式寫下來，它們是四個方程。麥克斯韋最初的方程有20個：他是用分量形式來寫的；另外，麥克斯韋還加入了電介質和電流的方程。

　　正是這篇文章在歷史上第一次清晰地闡明了場論的概念基礎——能量儲存在場中：

　　　　當我提及"場的能量"時，這個詞指的就是它的字面含義。所有形式的能量都和力學能量一樣，不論它以動能的形式、彈性能的形式，還是以其他形式存在。電磁現象中的能量也是一種力學能量。唯一的問題是：它儲存在何處？在過去的理論裏它存在於帶電體、導電迴路和磁體中，其形式是"勢能"，或者說是一種產生超距作用（effects at a distance）的能力，而其本性則是未知的。在我們的理論中，能量不僅存在於帶電體和磁體中，也存在於它們週圍空間裏的電磁場中。其存在方式有兩種，不需要引入任何假說，它們可以被描述為電極化和磁極化；如果進一步引入一種非常可信的假說，它們可以被描述為同一種媒質的運動和應變（strain）。

（*JM*，第564頁）

但是，遵從當時流行的思想，麥克斯韋又寫道：

根據光現象和熱現象，我們有理由相信存在以太這樣的媒質，它充滿空間和物體，它能夠被驅動，也能夠把這種運動從一部分傳導至另一部分，它還能夠把這種運動傳達至普通物質，從而加熱它們或者以各種各樣的方式影響它們。

（*JM*，第528頁）

麥克斯韋意識到，他的位移電流的發現以及光是電磁波的結論都具有深遠意義。在第三篇文章中，他收錄了前兩篇文章中的公式，把它們整理在一起。這時候他一定回顧了把他引向這些公式的推理過程。經過這番回顧，他會如何看待三年前促使他引入位移電流概念的那些複雜的渦旋網絡呢？麥克斯韋並沒有回答我們。但我們注意到，"渦旋"這個詞在第三篇文章的整整71頁裏再未出現。因此，我們可以設想，麥克斯韋在1865年時已經認為他在第二篇文章中採用的渦旋網絡是不必要的。但他還是認為有必要引入"充滿空間和物體的以太媒質"。

1886年，赫茲（Heinrich Hertz, 1857–1894）從實驗上證實了麥克斯韋方程組的一個重要結論——電磁波可以被一個電流迴路激發，並被另一個電流迴路檢測到。

從19世紀80年代中期開始，亥維賽（Oliver Heaviside, 1850–1925）和赫茲獨立發現麥克斯韋方程組中的矢量勢A可以消去。簡化後的方程組展示出另一種魅力：電和磁之間的高度對稱性。可是今天我們知道，在量子力學裏，矢量勢無法消去，它可以在阿哈羅諾夫—玻姆（Aharonov–Bohm）效應中被觀察到。

五　步入20世紀

20世紀初期，場論發生了一次觀念革命，它源於愛因斯坦在1905年提出的狹義相對論。狹義相對論斷言，自然界根本沒有傳導電磁場的所謂媒質：電磁場自身就是媒質。所謂"真空"，指的是場在某一時空區域的特定狀態，它既沒有電磁輻射，也沒有物質粒子。這就解決了1887年的邁克耳孫—莫雷（Michelson–Morley）實驗所導致的疑難：這個實驗試圖尋找假想中的媒質"以太"，但是沒有成功。今天，大多數物理學家傾向於認為愛因斯坦建立狹義相對論的原始動機並不是解釋邁克耳孫—莫雷實驗，而是要理解"同時性"這個概念的物理意義。

在1930到1932年間，由於正電子的發現，人們對真空的觀念需要再次發生重大改變。根據保羅・狄拉克（Paul Dirac）的理論，真空是一個充滿"負能量電子"的無限海洋。這是場論中的又一次

觀念革命，其高潮是量子電動力學（QED）的建立。20世紀30年代
裏，QED在低階計算中很成功，然而，在高階計算中，"無窮大"的
問題總是糾纏不休。

1947–1950年間，由於一系列光輝奪目的實驗和理論突破，QED
取得了定量上的成功。在理論方面這有賴於一種計算高階修正的方
法——重整化（renormalization）。這類計算給出的最新的電子反常
磁矩數值（$a=(g-2)/2$）和實驗的符合程度十分驚人[3]：誤差僅在十
億分之一量級（參見Gerald Gabrielse, *Physics Today*, 2013年12月刊，
第64頁）。

一方面，由於重整化程序在QED中的極大成功；另一方面，由
於實驗上更多新粒子被發現，人們試圖推廣場論，以便用於描述所
有這些新粒子間的相互作用。標量介子場的矢量形式的相互作用，
贗標量介子場的贗標量形式的相互作用，諸如此類的模型，以及其
他奇特而難懂的理論在文獻書籍中頻繁出現。然而，這些努力並沒
有為理解自然界的相互作用帶來根本的進展。另外一些人熱心於尋
找場論的替代理論，但同樣沒有取得真正的突破。

六　重返場論

20世紀70年代，物理學家重返場論。這次他們採用的是非阿貝
爾規範理論（non-abelian gauge theory），它是麥克斯韋理論的一個

---

[3] Kinoshita T., Tenth-Order QED Contribution to the Electron *g*-2 and High Precision Test of Quantum Electrodynamics, in *Proceedings of the Conference in Honour of the 90th Birthday of Freeman Dyson*, Phua K. K. et al. (eds.), World Scientific, 2014, p. 148.

優美推廣。這裏的形容詞"非阿貝爾"有著精確含義：相繼的兩次操作（例如轉動）得到的最終結果依賴於操作次序。[4] 今天，在深入理解自然界中的各種相互作用的結構這個問題上，規範理論是一個基礎性的概念。它起源於數學家赫爾曼·外爾（Hermann Weyl）發表於1918–1919年間的三篇文章。這些文章曾受愛因斯坦電磁學幾何化的想法的影響。[5]

外爾意識到"平行移動"這個概念的重要性。他論證道："為了與自然界相符，黎曼幾何必須建立在矢量的無窮小平行移動這一觀念上。"外爾進一步說，既然在平行移動中矢量場的方向不斷改變，那為什麼不允許它的長度也改變呢？由此出發，外爾提出了所謂"不可積伸縮因子"（nonintegrable Streckenfacktor）的概念，或者叫Proportionalitätsfacktor，它通過如下公式和電磁場發生聯繫：

$$\exp\left(-\int eA_{\mu}\mathrm{d}x^{\mu}/\gamma\right),\tag{5}$$

在這裏 A_{μ} 是四維矢量勢，系數 γ 是實數。外爾給在時空中運動的每個帶電物體都附加一個伸縮因子。在外爾的第二篇文章後，愛因斯坦添加了一個附註，其中愛因斯坦批評了平行移動改變長度的想法，外爾未能有力地反駁愛因斯坦的毀滅性評論。

---

[4] 我在《愛因斯坦對理論物理的影響》中曾介紹過規範理論，見 *Physics Today*，1980年6月刊，第42頁。更技術性的介紹可見於 *Physics Today*，1982年3月刊，第41頁，作者為辛格（Isidore Singer）。

[5] 關於這件事及其後續歷史，參見楊振寧發表於下面書中的文章：Chandrasekharan K. (ed.), *Hermann Weyl, 1885–1985: Centenary Lectures*, Springer, 1986, p. 7；以及文章：Wu A. C. T., Yang C. N., *Int. J. Mod. Phys. A*, 2006, 21:3235.

　　在量子力學建立後的1925–1926年，福克（Vladimir Fock）和倫敦（Fritz London）獨立指出，在量子力學裏，（$p-eA$）應該由如下公式取代：

$$-\mathrm{i}\hbar\left(\partial_\mu - \frac{ie}{\hbar}A_\mu\right),\qquad\qquad(6)$$

這個公式又意味著在方程（5）中，$eA_\mu \mathrm{d}x^\mu/\gamma$ 應該由 $\mathrm{i}eA_\mu \mathrm{d}x^\mu/\hbar$ 替代，也即 γ 由 $-\mathrm{i}\hbar$ 替代。

　　外爾顯然接受了 γ 必須為虛數的想法，所以他在1929年的一篇重要文章中定義了 QED 中的規範變換這一概念，並證明了麥克斯韋理論在量子力學的框架下具有規範不變性。

　　在任一規範變換下，外爾的長度伸縮因子應由如下因子替代：

$$\exp\left(-\mathrm{i}\frac{e}{\hbar}\int A_\mu \mathrm{d}x^\mu\right),\qquad\qquad(7)$$

它顯然應該稱為"相位變化因子"。通過這一替換，愛因斯坦最初的批評不再成立了。

　　麥克斯韋方程組具有高度的對稱性，這個事實在1905–1907年間已經由愛因斯坦和閔可夫斯基（Hermann Minkowski）分別認識到，他們發現了麥克斯韋方程組的洛倫茲不變性。外爾在1929年發現了規範對稱性，從而揭示了麥克斯韋方程組的又一對稱性。今天我們已經知道，這些對稱性使得麥克斯韋方程組成為理解物理宇宙的結構的基礎支柱。

外爾的規範變換涉及時空中的逐點 $U(1)$ 轉動，或者說複平面上的轉動。這一點和麥克斯韋的轉動渦旋有著顯著相似。當然，這種相似是個巧合。

從數學上看，公式 (7) 中的相位因子形成一個李群 $U(1)$，而外爾最喜愛的研究領域之一正是李群。對背景知識較多的讀者，我可以提出一個猜測：假如纖維叢理論在1929年前就建立了，外爾顯然會認識到電磁學就是一個 $U(1)$ 纖維叢理論，並且很有可能在那時就把它推廣為非阿貝爾規範理論，因為這正是他1929年的理論的自然延伸。

歷史上，這一延伸發生於1954年，並且來自不同的動機。新的動機並不是基於純數學上的考慮。當時粒子物理實驗中湧現出越來越多的"奇異粒子"，因此迫切需要一個原理來描述它們之間的相互作用。這一物理動機簡潔地體現在以下這個發表於1954年的摘要裏：

> 電荷是電磁場的源；這裏有一個名為規範不變性的重要觀念，它與以下幾件事物有緊密聯繫：（1）電磁場的運動方程；（2）流密度的存在性；（3）帶電場和電磁場之間的可能的相互作用。我們嘗試推廣這一概念，將它用於同位旋守恆。[6]

這一推廣帶來了非常美妙的非阿貝爾規範場論（non-abelian field theory）。然而，這一理論似乎要求存在無質量的帶電粒子，這些粒

---

[6] Yang C. N., Mills R., *Phys. Rev.*, 1954, 95:631.

子在自然界中並沒有見到，所以在很長一段時間裏，這一理論在物理學界並沒有得到認可。

為了給這些無質量粒子以質量，人們在20世紀60年代引進了對稱性自發破缺的概念。這一概念帶來了一系列重大進展，並最終帶來一個基於 $U(1) \times SU(2) \times SU(3)$ 群的規範理論，我們今天稱之為標準模型（standard model），它描述了電弱相互作用和強相互作用。從1960年左右算起，大約50年裏，粒子物理領域的眾多實驗和理論物理學家們努力驗證並發展了此標準模型，這裏既有個人努力，也有集體協作。這些不懈努力獲得了炫目的成功，最近的一個高潮是2012年希格斯玻色子在歐洲核子研究中心（CERN）被兩個大型實驗組發現（見 *Physics Today*，2012年9月刊，第12頁）。

儘管如此成功，標準模型也不可能是終極理論。首先，標準模型包含幾十個參數。更重要的是，作為標準模型的一個核心部分，"對稱性自發破缺"機制是一個純粹唯象的構造，它在很多方面與費米的"四費米子相互作用"（four-ψ interaction）相似[7]。在1934年被提出後，費米理論保持了近40年的成功，但它最終被更深刻的 $U(1) \times SU(2)$ 電弱統一理論（electroweak theory）取代。

19世紀50年代湯姆孫和麥克斯韋已經明確知曉規範自由度。在難以捉摸的"電緊張態"中，法拉第可能也曾模糊地感覺到了它。

1929年，外爾在量子力學的框架內把規範自由度轉述為麥克斯韋方程組的一個對稱性（或稱"不變性"）。今天我們稱這一對稱性為"規範對稱性"，它已經成為標準模型的結構性支柱。

---

[7] 費米原始論文的英文翻譯見於：Wilson F. L., *Am. J. Phys.*, 1968, 36:1150.

　　麥克斯韋方程組是線性的。在非阿貝爾規範理論中，方程組是非線性的。從觀念上來說，這一非線性的起源類似於廣義相對論方程的非線性。關於後者，愛因斯坦曾寫道：

　　　　我們在這裏只討論純引力場的方程。

　　　　這些方程的奇特性一方面在於它們的複雜構造，特別是方程對於場變量和它們的微商的非線性特徵；另一方面在於這些複雜的場定律在很大程度上幾乎完全被變換群所確定。[8]

　　　　真實的自然定律不可能是線性的，也不可能從線性方程中導出。[9]

　　在完全獨立於物理學發展的道路上，20世紀前半葉誕生了一個名為纖維叢（fiber bundle）的數學理論。這一理論有眾多源頭，包括微分形式（主要歸功於嘉當［Élie Cartan］）、統計學（Harold Hotelling）、拓撲學（Hassler Whitney）、整體微分幾何（陳省身）以及聯絡理論（Charles Ehresmann）。概念起源的多樣性表明了纖維叢是個核心的數學構造。

　　在20世紀70年代，人們發現規範理論的數學形式和纖維叢完全一致，這對物理學家和數學家都是一個震撼。[10] 但這也是一個大家

---

[8] Schilpp P. A. (ed.), *Albert Einstein: Philosopher-Scientist*, Open Court, 1949, p. 75. 摘自愛因斯坦在1946年（當時他67歲）的自述。

[9] Schilpp P. A. (ed.), *Albert Einstein: Philosopher-Scientist*, Open Court, 1949, p. 89. 摘自愛因斯坦在1946年（當時他67歲）的自述。

[10] Wu T. T., Yang C. N., *Phys. Rev. D*, 1975, 12:3845.

樂於感受的震撼，因為它提供了一個溝通數學和物理的橋樑，而這種溝通曾在20世紀中期前後因為數學進展的高度抽象性而中斷過。

在1975年，我從我的數學同事西蒙斯（James Simons）那裏學到了纖維叢理論的一些基礎知識，隨後我給他看了狄拉克在1931年發表的一篇關於磁單極子的文章。他驚呼：「狄拉克領先於數學家發現了平凡和非平凡的纖維叢。」

在即將結束我們這個關於規範理論觀念起源的簡略概述時，也許我們可以引用1867年麥克斯韋在法拉第去世的時候的悼詞：

> 法拉第通過他的力線概念來統一地理解各種電磁感應現象，他運用這種想法的方式顯示出他是一位高超的數學家——未來的數學家將能從他那裏獲得豐富而有價值的方法……
>
> 從歐幾里得的直線到法拉第的力線，這正是推動科學進步的思想的特徵。通過自由運用動力學和幾何學的思想，我們也期望未來能有新的進展……
>
> 以我們正在積累的素材為基礎，也許下一個像法拉第一樣的哲人能夠發展出全新的科學，而我們今天很可能連它的名稱都還不知道。

（汪忠譯）

"物理學的未來"[*]

—— 追憶麻省理工學院百年校慶時對物理學的未來的討論

一

1961年4月，在 MIT 有一個盛大的百年慶祝。那是一個科學與技術震撼人心的時代，也是美國剛剛就任了一位年輕的、雄心勃勃的新總統的時代，所以那次自然是一個極自信的、近乎自我陶醉的歡樂大慶祝。慶祝之中有一個座談會，題目是"物理學的未來"。座談會的主席是 Francis Low，共有四位演講者，依次序是 Cockcroft，Peierls，Yang 和 Feynman。座談會的記錄本來計劃由 MIT 發表，可是沒有做到。很多年以後 Cockcroft 和 Peierls 的演講由 Schweber 在 2008 年出版的《愛因斯坦與奧本海默》中做了摘要。

---

[*] 本文原載 *Int. Mod. Phys. A,* 30, 1530049 (2015)。

我和 Feynman 的演講後來於1983年[1] 與2005年[2] 分別發表。
我的演講中的一段如下：

　　既然（今天）似乎有一種傾向：對"未來基本理論"有
無限的期待，我預備敲一下悲觀的警鐘。在一個興奮且樂
觀、對過去的成就十分驕傲、對未來有極正面的期待的歡慶
中，加入一些不諧的聲音也許是好的。[3]

然後我說，要達到今天對場論的了解，Wigner 認為必須經過四層
基於實驗的物理觀念，而且要想再深入一層將十分艱難。接下去我說：

　　在這一點上物理學家受到限制：理論必須由實驗證實。
與數學家或藝術家不同，物理學家不能憑自由想象創建新觀
念或新理論。

我的演講以後是 Feynman。他這樣開始他的講詞：

　　我同意前面三位的講詞的內容，幾乎全部內容，但是我
不同意楊教授的意見，認為前景不容樂觀。我還有勇氣，我
認為困難在任何時刻都會有。

---

[1] C. N. Yang, *Selected Papers*, Freeman, 1983, p. 319; E. P. Wigner, *Proc. Amer. Phil. Soc.* 94, 422 (1950) [Reprinted below as Appendix B].

[2] M. Feynman (ed.), *Perfectly Reasonable Deviations from the Beaten Track: The Letters of Richard P. Feynman*, Basic Books, 2005, Appendix III [Reprinted below as Appendix A].

[3] 本文正文和附錄為不同人翻譯，因此演講的譯文有不一致之處，不做特別統一處理。

　　一種可能是一個終極解決方法將出現。楊教授認為這顯然不可能，我不同意。
　　我所講的終極解決方法是終將發現一組基本定律，為一切實驗所證實。

Feynman是我這一代物理學家中的直覺理論大師。今天讀他這些話，我很想知道：
　（一）他1961年提出的"終極解決"是哪一類的；
　（二）他在晚年是否仍然十分樂觀。

二

　　在1961年會議以後的50多年間，我們學到了些什麼？回答："很多。"通過理論與實驗物理學家的深度合作，下面的理論逐一被提出，然後逐一被實驗驗證：

* 　一個特殊的對稱破缺模型
* 　弱電理論
* 　非阿貝爾規範場的可重整化
* 　漸近自由與QCD

　　而最後戲劇性的發展是2012年Higgs粒子的發現。所以我們今天有一個可用的**標準模型**，一個 $SU(3) \times SU(2) \times U(1)$ **gauge theory**。

50多年來我們成功地發展了**深一層的觀念**，一層建構在所有以前的各層觀念和許多極大的新實驗上的新觀念。

三

還有沒有更深層的物理觀念需要發掘呢？**我認為有，還有很多層。我們什麼時候可以達到下一層？我認為要在很久的未來，甚至永遠達不到。**

"你為什麼這樣悲觀？""我不是悲觀，我只是務實。"

附錄A：物理學的未來
（1961年）
理查德・費曼（Richard P. Feynman）

聽了Cockcroft教授、Peierls教授和楊教授的發言，我基本同意他們所講的話。但是我不同意楊教授所說的前景不容樂觀。我仍有信心。我認為任何階段都會看似困難重重。另一方面，你們也會看到，我同意其中某些悲觀的看法，同時我又無法對他們的意見做任何有用的補充。所以，我將講一些（看似）不合理的話，請原諒我，我說的話會與他們十分不同。

首先，為了不使討論的範圍太大，我將儘量約束自己只討論一個問題：尋求物理學的基本定律——最前沿的定律。如果我討論非最前沿的問題，例如固體物理以及其他應用物理等，我會講很不同的話。所以，請理解我縮小討論範圍的做法。

我認為，如果你不問自己專業的未來，你就無法讀懂歷史。我認為，如果不考慮所處的政治和社會背景，就無法預言物理學的未來。假如你要像 Peierls 教授一樣預言未來25年的物理學，你必須記住你是在預言1984年的物理學。

其他發言者似乎為了避免出錯而只預言未來10年也許25年的物理學。其實他們這樣做並不安全，因為你可以跟上，發現他們的錯誤。因此，我想預測未來的1000年，萬無一失。

根據其他發言者的預測方法，我們需要看一下961年和1961年的物理學。我們必須比較一下這兩個時代：與奧馬爾•海亞姆（Omar Khayyam）由同一扇門進出卻早一個世紀的物理學，和目前我們打開一扇又一扇的門看到藏著珠寶的房間的物理學。而且，打開後面的五六扇門肯定有更多的寶藏。這是一個英雄時代，這是一個非常激動人心的時代，基礎物理及基本定律有非常關鍵的進展。將其與961年相比並不公平，而是應該尋找物理學發展史上的另一個英雄時代，也許是阿基米德、阿利斯塔克的時代，即公元前3世紀。此後的1000年就是他們的物理學的未來：公元750年的物理學！物理學的未來取決於世界的其他情況，而不是簡單按照目前的發展速度進行推測。如果再過1000年，就會面對一個難題：物理學是否可能滅亡？

從政治與社會的角度看，極有可能發生的事情之一是：我們即將有一場可怕的戰爭和一次毀滅。這樣一次毀滅後，物理學會發生什麼？它會復原嗎？我覺得物理學，基礎物理學，可能無法復原。接下來我講講為什麼無法復原。

首先，假如北半球有大破壞，那麼對於未來研究工作必不可少的高能機器很有可能無法運作。機器可能被破壞，可能沒有啟動機器的電源，也可能沒有維修機器所需的工業技術，至少這種狀況會維持一段時間。實驗物理技術是工業實力的精華，必定會產生短時間的延阻。

物理學是否會暫時後退再恢復過來？我認為不會。因為一個令人振奮的英雄時代的產生必須先有一系列的成功。如果你注意不同文明中的偉大時代，你會發現那些時代的人對於成功有巨大的信心，他們有由他們自己發明創造的嶄新事物。假如一個時代發生後退，就會有一段時間沒有大的成績。你需要做那些前人已經做過的實驗，你需要重新研究前人已經掌握自如的定理。這可能會產生許多空談和哲學推理，費力地學習物理學只是因為文明的需要，而不是真正在做研究。寫下來的只是註釋——知識分子的弊病，在許多領域中出現。從技術上講，物理學很難立即恢復。高智商的人滿腦子是當時的實用問題。困難在於物理學會變得無趣，而且會有一段時間沒有任何新的發現。另一個特點是毫無用處。沒有人知道怎麼應用已經得出的高能粒子實驗的結果。最後，可怕的災難可能會引發敵對情緒，人們可能把毀滅怪罪於使之成為可能的科學家，對物理學和物理學家的敵視態度可能會普遍存在。另一個要注意的是研究精神可能無法再次建立，因為這種精神聚集於北半球工業發達的國家，它在其他國家還沒有茁壯成長。

　　我提到了1000年，也許在這麼長的時間裏會有一次復興。會由什麼樣的機器設備帶來這一復蘇？（我說過我無法講出有用的話，我的確不行。）復興必須是由某個領域中某個成功引起的。成功會在哪裏出現？也許在其他領域。也許在物理學以外的領域，會有一個超越前人的時代，人們從而有了發展的信心，這種精神苗壯成長後會感染物理學。又或許，物理學會出現新的領域、新的觀點，或者其他嶄新的事物。這一點我無法判斷。

　　另一個有意思的可能性，是某個國家或民族用科學觀作為一種道德而在社會、政府、商業上取得某種勝利。你們懂我的意思——就是當某些人說某些話時，要聆聽他們在說什麼，而不是去想為什麼他們這樣說。宣傳可能只是謊言，如果所講的話不是想傳達的內容，而只是為了顯示自己有多麼強大、多麼美好等，那麼沒有人會仔細去聆聽的。假如成功來自科學觀，那麼一個國家可能受自身社會取得的成功的鼓勵，從這個科學問題中發展出又一興趣。

　　現在我們看一下反面觀點：假設沒有毀滅——怎麼才能沒有毀滅，我不知道，我們只是假設一下——那麼會發生什麼？假設我們想象一個類似我們目前的社會持續了1000年（荒唐！），基礎物理學、物理學基礎問題、物理學定律研究會發生什麼？

　　一種可能是有一個最終的解決方法將出現。楊教授認為這不可能，我不同意——雖然這種方法還沒找到。如果你從建築的一頭走向另一頭，在你還沒抵達門口時，你還可以爭辯說："看，我們穿過這座建築，我們沒到門口，所以建築的另一端並沒有門。"但是對於我來說，我們似乎正在穿過一個建築，我們並不知道這是一個無限長的還是有限長的建築，因此我認為存在著一個最終解決方法的可能。

我所講的最終解決方法是指會發現一套基礎定律，從而使每個新的實驗結果只是驗證已知的定律，然後情況會越來越無趣，日復一日沒有出現與已知的基本定律不吻合的新東西。當然，這樣一來注意力會停留在我沒展開的第二句話，但是基本問題會得到解決。我覺得假如這樣一個終極方法被發現，就會產生一種現象：富有活力的科學哲學出現衰退。我覺得我們之所以能成功抗拒職業哲學家和傻瓜在知識與如何獲取知識上的洗腦，是因為我們在物理學上沒有取得徹底的勝利。我們可以總是這樣說："你很好地解釋了為什麼世界就是我們所發現的樣子，但是明天我們又會發現什麼？"既然他們根本無法做任何預測，我們會覺得他們的哲學不能真正了解現狀。可是假如現在就有解決方法，那麼有多少人就要證明它必須是四維的？因為種種原因，它只能是四維的。我們哲學的活力也如此，它來自我們仍然在奮鬥中這一事實。我認為它不能持久。

還有什麼別的可能性呢？假設我們正在穿過的建築是無限長的，如楊教授所認為的那樣，那麼將會有一連串令人振奮的發現。我們將加快步伐，打開一扇又一扇門，找到一件又一件珍寶。1000年！60年內有3個發現等於1000年有50個發現。是否會在基礎物理觀念上出現50個令人振奮的革命？基礎物理學是否還有很多珍寶？如果是的話，情況會變得有點無趣。當你深入研究事物時總會發現變化，一件事要是重復20次就會很枯燥。我不相信積極的探索可以持續1000年。如果這種情況持續下去（我的意思是如果不能找到終極解決方法），加上如果我不相信可以連續有50個大發現，那麼又會發生什麼？

還有另一種可能性，就是物理學發展的速度會緩慢下來。問題變得更難解決。這種情況會怎樣？強結合分析過了，弱結合只部分分析了，可是還有更弱的結合更難分析。要取得有用的實驗信息是非常困難的，因為跨學科研究如此薄弱。獲取數據的速度越來越慢，新的發現也越來越慢，問題也變得越來越難。越來越多人覺得物理學是個沒有意思的學科，因此物理學會處於一種未完成的狀態，只有少數研究在某些問題的邊緣緩慢地進行。

當然，我們所說的物理學也有可能擴展到其他領域。我認為，如 Peierls 教授所講的，物理學會擴展到天文學史和宇宙學。物理學的定律，如我們目前所了解的，屬於這一類。在目前的狀況下，物理學會如何發展？雖然微分方程及時引導出這些定律，可是肯定還存在另一問題：什麼決定了目前的狀況？也就是，宇宙發展全史是什麼？認識到某一天這會成為物理學的一部分而不會總是被稱為天文學史的方法，是注意到至少有一種可能性是物理學基本定律會隨著時間而變化。如果物理學定律隨著絕對時間的變化而變化，那麼就無法區分如何得出定律與如何發現歷史。我認為宇宙問題極有可能被卷入物理學裏面。

最後，我要提醒你們，我只限於討論基礎物理學的未來。我認為將會有一個從前沿研究轉入應用的重要轉折，還有物理學定律所帶來的發展。這會讓人非常興奮。我對這些方面的未來的看法，與我對基礎物理的看法是完全不同的。

　　我們正處在一個英雄的時代，這個時代獨一無二又令人振奮。以後的人會非常妒忌我們這個時代。那麼發現物理學基本定律的時代又是怎樣的呢？美洲無法被發現兩次，我們可以妒忌哥倫布。你可以說，是的，但是美洲之外，還有別的星球可以探索。你說得對。除了基礎物理學，還有別的問題可以研究。

　　我總結一下：我認為基礎物理學的生命是有限的。它還會持續一段時間。目前它充滿驚喜，我也根本不想退出這一領域。我生逢其時，佔了很大的便宜，但我不認為它可以持續1000年。

　　我用以下兩點作為結尾。首先，我討論的不是應用物理或其他領域，對於這些領域我的看法會十分不同。其次，現代社會瞬息萬變，我所預測的1000年的事可能在100年內就完成了。謝謝。

附錄B：物理學的未來
（1961年）
楊振寧

　　在最近的四五年裏，理論物理學家將許多注意力和努力奉獻在從物理可觀察的經驗到非物理區域的解析延拓上。特別是通過外推去研究尚未觀察到的區域中的奇異性質。這種努力一開始就被重重困難所包圍，然而在這個方向上工作的興趣一直保持著。以類似的精神，今天上午我們嘗試著採取一種類似的方法：通過外推，來看一下過去的經驗以外的事情，認識一些到目前為止尚未看到的物理學的未來的發展。在這種追索中，我們不能期望得到具體的好結果，但我相信大家都會同意，這種嘗試是非常有趣味的。

從各種標準來看，到目前為止，20世紀物理學的成就是驚人的。在20世紀初，物質的原子的面貌作為一門新的研究科目剛剛出現，而今天，在其研究範圍的精細程度上我們進展了百萬倍：從原子大小進入到亞核（subnuclear）大小。在能量方面的進展給人印象更深：從幾個電子伏特到幾十億電子伏特。實驗技術的能力和精巧程度隨著物理學家探索的深入也在闊步前進。物理學的進展給其他學科──化學、天文學乃至生物學帶來的重大影響實在難以形容。物理學的發展對於技術的影響、對於人類事務的影響在戰後是如此突出，以至於沒有必要再在這兒做進一步的強調。

但是物理學的榮耀並非建立在這類影響之上，物理學家最看重的也不是這些影響，甚至物理實驗深入範圍的不斷擴大，也不是物理學家感到滿意和引以為豪的主要方面。物理學家最注重的是去形成這樣一些概念的可能性，從這些概念出發，用愛因斯坦的話說[4]，一個"完整的可用的理論物理學系統"能夠被構造起來。這方面的工作，使物理學在智力的努力上極其獨特和出類拔萃。這樣的一個系統體現了普適的基本規律，"用這個系統，宇宙能用純粹推導的方式建造起來"。

從這樣一個極高、極嚴格的判斷出發，20世紀前60年在物理學方面的成就恰如一首英雄詩。在這60年間，在物理學的領域裏，不

---

[4] A. Einstein, *Essays in Science*, New York: Philosophical Library, 1934.

僅有大量拓寬我們了解物理世界的重要發現，而且還被證實不是一個，不止兩個，而是三個物理概念上的革命性的變化：狹義相對論、廣義相對論和量子理論。這三個概念上的革命，形成了一個深刻的、完整的、統一的理論物理體系，獲得了剛過去的這段時期所留下的卓越的遺產。那麼，物理學的前景是什麼？

毫無疑問，在佩爾斯（R. Peierls）教授稱之為物理學的基礎和第一線後面的物理學這兩方面，我們的知識將會繼續迅速增長。

對前者，憑我們現有的知識，我們可以很肯定地說，在以後的幾年中弱相互作用領域中的問題將得到很大的澄清。如果運氣好，我們甚至可以期望看到弱相互作用的各種表示的某種綜合。

此外，我們對許多事尚未確切了解。誠然，我們已經明確地提出了若干問題，然而目前去尋求這些答案是一件既緊迫又困難的事：怎麼處理一個有無窮多自由度的系統？空間、時間連續的概念是否能夠被外推到10–14厘米至10–17厘米的空間區域？或者外推到比10–17厘米更小的區域？電荷共軛下的不變性和同位旋轉動下的不變性的基礎是什麼？與空間——時間對稱性不同，已經知道這兩種不變性是可以被破壞的。強相互作用、電磁相互作用和弱相互作用統一的基礎是什麼？與這些有關的引力場的作用是什麼？這類問題可以繼續羅列下去。然而當我們在這裏敘述它們時，我們不能肯定這些問題是否意義深遠：事實上物理學中的許多進展，是從對以前問過的一些無意義問題的真正認識中發展出來的。

然而，有一件事可以肯定，我們的知識的積累會繼續**迅速增長**。我們只需要提醒自己，不久前物理學的發現週期是以幾十年或者幾年來計算的。例如，邁克耳孫－莫雷實驗在1881年首次完成；在1887年以更高的精確度重做了一次；為了解釋否定的實驗結果，在1892年菲茨傑拉德（G. F. Fitzgerald）提出了收縮假設；在1902年洛倫茲提出了洛倫茲變換；發展到頂點就導致了1905年愛因斯坦狹義相對論的產生。想象一下，倘若邁克耳孫的第一個實驗是今天做的，情況將會是怎麼樣！

人類對科學重要性的普遍的覺醒，以及人類思維在技術創造方面令人驚奇的智慧，確保了我們在實驗科學方面加速前進的步伐。

對於我們幾分鐘前提到的一個"完整的可用的理論物理學系統"，我們應當採取什麼態度？在20世紀前60年的光榮傳統下，我們是否能合理地期待進一步的成功？

如果說用外推去確定函數的奇異性是困難的，那麼同樣地，通過推測去預言物理概念方面會發生什麼樣的革命性變化也是困難的。但由於存在無限制地相信一個"將來的基本理論"的傾向，我想發表一些悲觀的意見。在這100週年的慶祝會上，整個氣氛充滿著對過去獲得的成就的自豪和對未來前景的廣闊展望，在這充滿著激情的氣氛中插入一些不和諧的旋律，也許並非完全不合適。

首先讓我們再一次強調，純粹的知識積累儘管是有趣的，對人類是有益的，但與基本物理的目標十分不同。

其次，亞核物理的內容與人類直接感覺的經驗已經相距遙遠，而當我們探究的空間變得更小時，這種遙遠性肯定還會增加。隨著加速器、探測器、計算機和實驗室的規模越來越大，我們不難找到這一困難的生動證明。

今天的實驗由精良的設備和精確的運行構成。欲使一個實驗的結果有意義，必須把概念建築在我們直接感受的經驗和實驗安排之間的每一個層次上。這裏存在一個固有的困難，概念的每一個層次與前一個層次都是有關聯的，是建築在前一個層次上的。當不恰當之處表現出來時，必須更深入地檢驗先前概念的整體綜合情況。隨著對問題思考的深入，這個任務的困難程度急劇發散開來。這很像下棋，隨著棋藝的提高，在下棋時總是多檢驗一步，這在實踐時困難會越來越大。

按照威格納的計算[5]，要達到現在場論的研究水平，至少必須貫穿四個不同層次的概念。這個計算的細節可以討論，但無可否認，我們所設想的比較深入和比較完整的理論體系的結構，必包含至少再一個層次的貫穿。在這方面，物理學家面對這樣一個不利條件，即理論物理的最終判斷是在現實中。與數學家和藝術家不同，物理學家不能全憑自由的想象去創造新的概念、構造新的理論。

第三，愛丁頓（A. S. Eddington）曾經舉過一位海洋生物學家的例子[6]，這位生物學家用的漁網網眼為6英寸，經過仔細的長時間的研究，他得出了一個定律，即所有的魚都比6英寸長。這個假想的例子十分荒謬，然而在現代物理學中我們很容易找到這種例子。由於實驗的複雜性和間接性，出現了這樣的情況，人們沒有認識到自己所做實驗的選擇性質。選擇是建立在概念上的，而這些概念也許是不合適的。

---

[5] E. P. Wigner, *Proc. Amer. Phil. Soc.* **94**, 422 (1950).

[6] A. S. Eddington, *The Philosophy of Science*, New York: MacMillan, 1939.

　　第四，在物理學家的日常工作中很自然地隱含著這樣的信念，即人類智力的威力是無限的，而自然現象的深度是有限的。這種信念是有益的，或像人們有時說的是健康的，因為從這樣的信念中可以得到勇氣。但是，相信自然現象的深度是有限的想法是不合邏輯的，相信人類智力的威力是無限的信念也是不正確的。一個重要而必須考慮的事實是，每個人的創造力的生理侷限性和社會侷限性可能比自然的侷限性更為嚴重。

　　在說了這些告誡性的意見後，我們必然會問：它們是否與物理學的發展有關？譬如是否與這個世紀餘下的40年中的物理學發展有關？現在我們不知道這個問題的答案，我們希望答案是否定的。

（附錄為張美曼譯）

中國今天不宜建造超大對撞機[*]

8月29日微信公眾號"老顧談幾何"中有一篇文章，題目是《丘成桐：關於中國建設高能對撞機的幾點意見並回答媒體的問題》，講到他（丘）贊成中國建造超大對撞機，而我（楊）反對，他難以相信。其中一段如下：

> 這些實驗背後的基礎理論都用到楊先生的學說。每一次突破後，我們對楊先生的學問更加佩服！所以說楊先生反對高能物理需要有更進一步的發展，使人費解！

丘教授的理解有誤！我絕不反對高能物理繼續發展。我反對的是中國今天開始建造超大對撞機，原因如下：

---

* 本文原載微信公眾號"知識分子"（微信公眾號ID: The-Intellectual），2016年9月4日。

56

（一）建造大對撞機，美國有痛苦的經驗：1989年美國開始建造當時世界上最大的對撞機，預算開始估計為30億美元，後來數次增加，達到80億美元，引起眾多反對聲音，以致1992年美國國會痛苦地終止了此計劃，白費了約30億美元。這項經驗使大家普遍認為造大對撞機是**進無底洞**。

目前世界最大對撞機是CERN的LHC。2012年6000位物理學家用此對撞機發現了Higgs粒子，是粒子物理學的大貢獻，驗證了"標準模型"。LHC的建造前後用了許多年，建造費加上探測器費等，不少於100億美元。高能所建議的超大對撞機預算不可能少於200億美元。

（二）高能所倡議在中國建造超大對撞機，費用由許多國家分攤，可是其中中國的份額必極可觀。今天全世界都驚嘆中國GDP已躍居世界第二，可是**中國仍然只是一個發展中國家**，人均GDP還少於巴西、墨西哥或馬來西亞，還有數億農民與農民工，還有急待解決的環保問題、教育問題、醫藥健康問題，等等。建造超大對撞機，費用奇大，對解決這些燃眉問題不利，我認為目前不宜考慮。

（三）建造超大對撞機必將大大擠壓其他基礎科學的經費，包括生命科學、凝聚態物理、天文物理，等等。

（四）為什麼有不少高能物理學家積極贊成建造超大對撞機呢？原因如下：

A. 高能物理學是"二戰"後的一個新興領域，此領域70年來有了輝煌的成就，驗證了"標準模型"，**使人類對物質世界中三種基本力量有了深入了解**。可是還有兩項大問題沒有解決：

甲）對剩下的第四種基本力量 —— 引力的深入了解還有基本困難。

乙）還沒能了解如何統一力量與質量。**希望解決此二問題當然是所有物理學家的願望。**

B. 有些高能物理學家希望用超大對撞機發現"超對稱粒子"，從而為人類指出解決此二問題的方向。

但是找超對稱粒子已經有很多年了，**完全落空**。今天希望用超大對撞機來找到超對稱粒子，只是一部分高能物理學家的猜想。**多數物理學家**，包括我在內，認為超對稱粒子的存在只是一個猜想，**沒有任何實驗根據**，希望用超大對撞機發現此猜想中的粒子**更只是猜想加猜想**。

（五）70年來高能物理的大成就對人類生活有沒有實在好處呢？**沒有**。假如高能所建議的超大對撞機能實現，而且真能成功地將高能物理學更推進一大步，對人類生活有沒有實在好處呢？我認為短中期內不會有，**30年、50年內不會有**。而且我知道絕大多數物理學家都同意我的這個說法。

（六）中國建立高能所到今天已有30多年。如何評價這30多年的成就？今天世界重要高能物理學家中，中國佔有率不到百分之一二。建造超大對撞機，其設計以及建成後的運轉與分析，必將由90%的非中國人來主導。如果能得到諾貝爾獎，獲獎者會是中國人嗎？

（七）不建超大對撞機，高能物理就完全沒有前途了嗎？不然。我認為至少有兩個方向值得探索：

A. 尋找新加速器原理。

B. 尋找美妙的幾何結構，如弦理論所研究的。

這兩方面的研究都不那麼費錢，符合當今世界經濟發展的總趨勢。

伯恩斯坦的獨白[*]

楊振寧與李政道於1957年獲得諾貝爾獎以後繼續極成功地合作，為同行們"既羨慕又妒忌"，但不幸於1962年徹底決裂。決裂的原因之一是伯恩斯坦1962年發表在《紐約客》上的一篇文章。關於此文，伯恩斯坦最近有一篇自白，楊先生據之在世界科技出版公司 *Modern Physics Letters A* 期刊上發表了一篇英文文章，其中譯文今徵得楊先生同意發表於本刊。[1]

近來，網上有段傑里米・伯恩斯坦（Jeremy Bernstein）關於他1962年發表在《紐約客》（*The New Yorker*）上的著名文章的獨白。

---

[*] 本文原文為英文，原載期刊 *Modern Physics Letters A*，http://www. worldscientific. com/doi/pdfplus/10.1142/S0217732317300178，中譯文載香港《明報月刊》2017年7月。
[1] 香港《明報月刊》原編者按。

下面是那段獨白的轉錄[2]（因為網絡錄音質量不高，轉錄內容可能會有失誤）：

如何處理這個問題依然毫無頭緒。但我會在夏天的時候回到日內瓦歐洲核子研究組織（CERN）。現在已經過去快一年了，我一籌莫展。生活總是出人意料。我打了很多場網球，結果扭傷了腳踝。我和李政道夫婦住在同一棟樓裏。他們對我的際遇表示同情。我每天上下班都和李政道一起駕車往返於住所和歐洲核子研究組織。我在交談中對他有了了解。我想，我能做的是為李政道和楊振寧寫篇傳略。於是我問他："我能這樣做嗎？"他表現得並不熱切，但也沒有完全反對。於是，我便回去撰寫李（政道）和楊（振寧）的傳略了。肖恩其實是傳略的編輯……

我也忘了自己到底是如何完成的。提到那些事情的時候，我想自己也許曾經稱呼他們"李和楊"。反正，我也不知道。有件奇怪的事情，每當回想起來的時候，"李和楊"有時也會顛倒順序變成"楊和李"，這真是奇怪。所以肖恩打電話給我，他說："你知道嗎？所有地方都從'李和楊'變成了'楊和李'，你知道為什麼嗎？"我說："我不知道為什麼。"原來，他們已經進行了一場決戰，徹底決裂了。所以，有人指責我，但你知道，我什麼也沒做過。我想戴森（Freeman Dyson）責備過我。但我確實只是寫了篇傳略，別的什麼也沒做。於是，第二年夏天我必須和李政道談談這件事。他非常不安。不過我想，合作中經常發生這樣

---

[2] Web of Stories, http://www.webofstories.com/play/jeremy.bernstein/.

的事情。開始合作時，李（政道）還是個年輕的晚輩，楊（振寧）年齡稍長而且來自中國不同的社會階層。在合作過程中，我想點子大多是李（政道）先提出的，榮譽大部分歸楊（振寧）。我認為這是他們關係緊張的根源。之前我也見到過類似情況，蓋爾曼（Murray Gell-Mann）和佩斯（Abraham Pais）就是如此。我說這是這類合作中的典型情況。所以我對此感到萬分內疚。我覺得……我對所發生的事情真的深感抱歉，我對這件事負有一定的責任。

李（政道）離開學院，回到了哥倫比亞，這對他們雙方都好。戴森給了我一張紙條，上面寫著："我們原諒你一次，但第二次不會。"這讓我深感不安。後來我嘗試給狄拉克（Paul Dirac）寫傳略，我有一天的採訪時間。我想奧本海默（Oppenheimer）知道了這件事，他勸我不要去做。真可惜，我本來可以為狄拉克寫篇很好的傳略……

我的評論：這段獨白在某種程度上是伯恩斯坦在老年時的自白。他相當含混，把不同時期的真實事件和憑空想象黏接在了一起。但主題是清晰明了的：現在他對1962年發表那篇文章"感到萬分內疚"，因為"我對這件事負有一定的責任"。科學合作建立在個人貢獻之上，每個合作者都有其特殊的才能和經驗。合作愈成功，就愈需要信任和體諒來使合作繼續下去。任何媒體刺探成功的科學合作的私密細節，都可能具有很強的破壞性。奧本海默、我和其他朋友在1962年就認識到這一點，我們試圖阻止那篇文章發表，但沒有成功。

　　兩次世界大戰之間，兩位極具實力的英國數學家哈代（Godfrey Harold Hardy, 1877–1947）和李特爾伍德（John Edensor Littlewood, 1885–1977）有過非常成功的合作。他們是迥然相異的兩個人：性格不同，研究風格也不同。但他們在將近30年的合作中做出了亮眼的數學研究成果。當然，有許多人都對他們如何做到這點感興趣。斯諾（C. P. Snow）就是其中之一，而且他還是哈代的摯友。在一段極具洞察力的文字中，他透露了這段著名合作的重要秘訣[3]：

　　　　多年以來，哈代幾乎和我聊過能想到的所有話題，除了合作這件事。他說，當然，這是他創造性事業生涯中的主要財富。他用上面我提到的他的口氣來談李特爾伍德，但他從沒提到過他們的合作程序。我的數學知識不足以讓我讀懂他們的論文，但我會摘錄一些他們的言詞。如果他無意中吐露了他們的方法，我想我不會漏掉。我相當肯定，他是故意保守秘密，而他平時處理那些對於大多數人來說相當私密的事情時，並不是這種作風。

　　我想，如果這段話寫在1962年以前，如果伯恩斯坦讀過這段話並且深刻領悟到哈代和李特爾伍德的智慧，不知他是否會意識到自己不應該介入成功的"李（政道）—楊（振寧）"合作？

　　　　　　　　　　　　　　　　　　　　　　　（曹又方譯）

---

[3] 前言由斯諾撰寫，出自哈代（1967）的《一個數學家的辯白》（*A Mathematician's Apology*）。

關於大加速器的座談

1972年夏，楊振寧訪問新中國，做了10次演講和座談。其中第8次是7月4日下午在北京飯店的座談。有30人參加，由當時的原子能研究所副所長張文裕主持。下面是這次座談的記錄。

張文裕：上次我們和楊先生座談了對發展高能物理的展望，同志們提了不少意見和想法，來和楊先生討論。今天我們有機會在上次座談的基礎上，更深入地和楊先生座談一次。我們很同意楊先生在上次座談會所講的：高能物理是物理學的前沿和發展的中心，從長遠看來必須發展。我們也認為，在祖國必須發展高能事業，問題是怎麼走？分幾步走？我們的基礎差，不能夠一下子就和人家比。我們很想聽聽楊先生對於國內發展高能物理學的意見，也很想了解國際高能發展的情況，有些什麼好的經驗和應當吸取的教訓。

厲光烈： 在上次座談會上，楊先生講過，目前高能物理的發展，問題不在於建造大的加速器，而在於物理觀念的突破。請楊先生講講在這方面的想法。

楊振寧： 我只是有一些猜想，但不一定正確。有一些物理問題，例如，弱作用的來源是什麼，為什麼有同位旋，為什麼質子的形狀因子是實驗所給出的那樣，強子的構造是什麼，等等，都是高能物理學的中心問題。不解決不能使問題明朗化。如何解決？我認為無限多自由度的相互作用問題要首先解決。當然從加速器的實驗可以得到啟示，但是我懷疑。關鍵的概念要從理論上來。我的意思不是說高能加速器上做不出重要的實驗，我要說的是，有關鍵意義的發展，要從物理概念上來。

徐紹旺： 在上次座談會上，楊先生談到關於高能物理發展的一些想法，例如，探測器和加速器技術的發展等，和我們原來的看法差不多。但是我們要趕上國際先進水平，我們在走這一步的時候，就應當預先想到下一步應當怎麼走。按照毛主席關於自力更生的教導，我們應當是立足國內，從現有的基礎出發，考慮如何趕上的問題。但是我們的基礎差，如果我們沒有長遠的目標，齊頭並進，兵力分散，進展就慢。我們要集中兵力，對準目標。在上次座談會上，關於加速器，楊先生提出在個別部件上進行研究的意見，我們理解楊先生的意思是要搞基礎技術。但是我看只掌握一個個部件的技術還不行，一個個部件的技術掌握了，還是不會造加速器。當然我們並沒有一下子就造大加速器的想法，但是我們需要有一個比較長遠的規劃，不但是在個別部件上，而且是在整體上。很想再聽一下楊先生在這方面進一步的意見。

楊振寧： 通過最近在北京大學和物理所的參觀和座談，我加深了這樣一個看法，現在不是在中國搞大加速器的時候。問題在於兩點：第一，需要相當大的人力和財力；第二，花了這麼大的人力和財力能給中國帶來多少好處？拿日本100億電子伏加速器作為例子，要花上1億美元，如果中國政府能夠拿出1億美元，是否值得做呢？我們的機器做成的時候，同類機器在其他國家就要拆掉了。也許用少得多的錢和人力，就可以研製出強流、低能范德格拉夫機器。這種技術也許對高能物理沒有用處，但是對低能核物理以及對中國技術的發展有好處。當然，沒有高能加速器，中國高能物理發展吃了點虧，但是，一切國家的發展都有層次的問題，目前中國人才缺乏，物資也缺乏，這是應當考慮的一個情況。在承認有可能出現偏差情況的前提下發展理論高能物理，不用花多大力量，就可以造就培養出很多的人才。如果一開始就注意不使知識面偏窄，注意培養從尖端的基本的理論問題一直到實際應用問題都感興趣的人才，我們就可以把這個偏差限制到極小。今天我去參觀物理所的激光實驗室，我感覺到，如果有一些在基本理論訓練上有素養的人去和他們討論，也許會更有成效。

最近，我把我的想法總結為三點：第一，大量造就高能理論物理人才，即使只有理論，缺乏實驗的實踐，不可避免地出現一些偏差，但也希望由此影響整個物理面上的發展，起引導的作用。第二，小規模技術方面的發展，儘量了解國際水平，這樣雖然有差距，但可以保持這個差距不增大。應當注意的是，像范德格拉夫靜電加速器，這種在工業上和醫學上都有用的精密機器的製造技術，是中國工業化所必須掌握的，我認為應當在這方面花點力氣。第三，假如有可能，派一些在探測器方面熟悉的人到西歐中心去工作。如果張先生和在座的各位需要我去進行接洽，我很樂意和西歐中心做私人的接觸。我不敢說一定成功，但我敢說可能性是很大的。拿幾千萬美元的投資來發展高能加速器，從中國工業發展來看，我很難投贊成票。

徐紹旺：我們就一直保持這個差距？

楊振寧：我不是說永遠保持這個距離。中國去年的鋼產量是2100萬噸，可以等這個數字增加三倍以後再來討論。這個數字是美國和蘇聯的六分之一，但美國和蘇聯的人口是中國的三分之一。中國有很多別的事情要做，中國應當對人類有較大的貢獻，但我不覺得應當是在高能加速器方面。

汪容：我理解他的意思是近期內小規模發展技術，也要有優先造哪種加速器的設想，方才不致分散力量，不是說5年內就造大加速器。

徐紹旺：我是想討論5年、10年，甚至15年內，應當怎麼走的問題，我認為15年內一直保持這個差距是不合適的。

楊振寧：加速器原理是要加以注意的，這是重要的，是要考慮的。你的意思是否有些擔心只會設計不會製造？

徐紹旺：我講得具體一些，如果我們設想15年以後造100億電子伏的電子對撞機，或者設想造幾十億電子伏的質子對撞機，兩種目標不同，當前的步子就不一樣了。

楊振寧：你是說10年後是發展電子的還是發展質子的這個具體問題？

汪容：我想這是問題之一，當然還有是圓的還是直的，是"對頭碰"還是不是"對頭碰"，是超導還是不是超導等問題。

楊振寧：15年之後採取超導還是非超導的問題，這很難討論。技術在發展，你們是15年後設計這個加速器還是15年後完成加速器？我個人覺得，對於新技術新觀念的了解很重要，很迫切，但是不好過早地對整體做具體的規劃。如果這只是三個人的事情，那好辦；如果是一個研究所來做計劃，過些年討論也不遲。我覺得你們的討論是否有些操之過急。高能量的對撞機在不同的能量範圍內，比如說50億電子伏和2000億電子伏，情況完全不一樣。幾年前的想法和現在的想法完全不一樣。美國巴塔維亞2000億電子伏加速器和西歐中心高能對撞機的結果將要出來，也許有很多物理圖像要改變。

徐紹旺：楊先生剛才講要發展范德格拉夫低能靜電加速器，我看發展高能加速器不一定要走過這個橋。因為現在的高能加速器注入器不再採用范德格拉夫，例如西德就採用超導的 helix（螺旋線結構），我們與其發展范德格拉夫，不如發展新型的 helix。

楊振寧：問題在於目的，如果要做 π 介子物理實驗，這當然沒有用，我想的是在醫學上特別是在工業上的應用。

嚴太玄：不形成一個器，只做部件，要縮短技術上的差距是有侷限性的。目前國內人力和資源都有限，也許造一個小一點的加速器，比如說電子加速器更為合適一點，這樣既研究了加速器，也培養了隊伍，也可以做一定的物理實驗。

楊振寧：多小？

汪容：譬如說10億到30億電子伏。

楊振寧：當然造了這個機器可以得到電子加速器的經驗，可以訓練出人才，但我懷疑是否可以做出令人滿意的工作，因為四五年後，這類工作就做完了。對研究工作價值的估計和對工業產品的估計是不同的，如果你做的工作人家已經做過了，只是精密度上的提高，那人家不認為這是有價值的。如果目的是使中國科學對人類有重要的貢獻，10億到30億電子伏的對碰機沒有可能。如果作為一步，以後造更大的，是有意義的，但是否有更好的其他的路子？另外，還有心理上的問題，當這個機器造出來的時候，在其他國家，同類型的機器就要關閉，那麼在這個機器上工作的人，心理上老是處在吃虧的狀態，我不知道在中國心理學上用的名詞是什麼。我說的就是這個意思。你們也許可以聽得出來，我對這方面是不太熱心的。

嚴太玄：你講的另外的辦法是什麼？

楊振寧：中國對於偏重於應用的人才的需要多得不得了，就是不做高能物理也不見得有太大的損失。高能理論物理方面的人才很重要，但是從開頭就要注意，需要訓練在各方面能做具體工作的人才，不要訓練只在很窄方面工作的人才。日本就是一個很好的例子，現在日本工業高度發達，但日本還沒有解決高能物理實驗基地的問題。

嚴太玄：從日本的角度看，也許通過100億電子伏加速器的建造，建立了隊伍，培養了人才。

楊振寧：日本社會也許已經達到了有這個需要的地步，這個結論難下些。但是對於中國來說，這個結論是清楚的，中國其他方面的需要實在太大。

馮運昌：我們造一個比日本的束流更強的加速器有沒有意義？比如說大百倍、千倍。

楊振寧：這比較困難，因為有空間電荷效應。

何祚庥：做超導直線加速器比日本的流強高1000倍還是可能的，當然我們不是馬上做，而是作為一個目標。我們不能搞和美國一樣大的，要搞就搞新的，要著眼10年之後的事情。我們的技術落後10年到20年，為此，我們要有技術儲備，要有奮鬥的目標：電子的還是質子的？什麼類型？是超高能還是強流？如果直線超導加速器能夠實現，加速器就可以從脈衝工作狀態改為連續工作狀態，這樣流強就可以提高1000倍。問題是要有奮鬥的目標。從長遠來看，高能物理是要發展的，我們同意楊先生幾次座談會上的意見，高能物理對於物理和工業的發展有一定的作用。對我們來說，不但要有近期的措施，還要有較長期的設想，也就是說，要有較長期的戰略目標，當前的工作要服從長遠的戰略目標。比如說，可能有這樣的看法：10年不考慮高能加速器的問題，20年後再說。這是一種。或者有另外一種看法：10年以後要發展，現在就要做些準備工作。除去在理論上培養人才之外，還要做什麼準備？在加速器、實驗物理等方面都要做些準備。我們國內要有實驗基地……

張文裕：我們在聯合所有10年不愉快的經驗。

何祚庥：我們提供聯合所四分之一的經費，但是國內的基地沒有建立起來。

楊振寧：多少錢？

張文裕：每年平均約合人民幣1500萬元。

楊振寧：現在討論的是1億美元以上的數目。

高啟榮：現在我們搞預先研究，要不要和長期目標相結合？

何祚麻：我們說的是長期目標。只有宇宙線實驗設備的話，實驗的處境就很困難，很難和對撞機相比。楊先生建議過做探測器方面的研究工作，探測器是為實驗做的，比如造出一個氣泡室，沒有加速器，有什麼用處？問題是如何從現狀出發向前邁進。

楊振寧：是有這個問題。不過我想問，如果沒有1億美元的加速器，對中國有什麼壞處？如果有1億美元，為什麼不拿來造計算機，發展生物化學，培養更多的人才，而一定要拿來研究高能加速器？

徐建銘：問題是要建立實驗基地。當然研究高能加速器並不需要1億美元。

楊振寧：是的，假如只是設計而不製造，這是另外一個問題。如果你的設計是為了建造的話，就必須回答我的問題。日本目前實驗高能物理很落後，但除此之外，各方面都有很大的進展。中國如果拿這些錢來搞生物化學，貢獻可能更大。

王世偉：搞高能是否應該現在就著手準備？

楊振寧：在高能物理中如果不需要很多投資和設備的話，當然要搞。特別是在理論方面，中國物理人才不夠，要大大培養。但造1億美元的加速器是另外一回事。

王世偉：探測器的發展到底應當走什麼道路？現在加速器和探測器的規模都很大，我們不能一下子就搞得很大，這要有一個過程。從日本探測器發展看，他們是有技術積累的。探測器和加速器是互相配合的，因此，需要有個總的長遠目標。

楊振寧：我不完全同意你的看法。搞探測器不一定要與大加速器有關。我不知道中國是否有人有做線火花室的經驗。這種探測器與加速器沒什麼關係，但也培養了人。

毛慧順：有些探測器需要在加速器上使用才能改進。

楊振寧：是這樣。如果可能就造加速器，但問題是社會需要的大前提在哪裏。中國的條件不允許。2億人民幣是個大數目，也許我對中國的工業不太了解。除非你研究過，2億人民幣用於製造計算機、生物化學研究有什麼好處，而造加速器比前兩者的好處來得大，那我才同意。

王世偉：造加速器的週期很長，現在不搞總要吃虧。2億人民幣不是一年投進去。

楊振寧：當然2億人民幣不是一年就投進去。但用美國話來說，"你買來了什麼？"我不是說不造加速器不吃虧，問題是值得不值得。2億人民幣用於工業可以做很多事情。

馮運昌：我還是想問，如果流強大100倍、1000倍能做什麼有意義的工作？

楊振寧：我想很困難。最先進入一個領域的人總是把最重要的工作先做了，後去的人很難做重要的工作。

馮運昌：我們花錢要十分小心謹慎，但值得花的錢還是要花。

楊振寧：我不知道把流加強到1萬倍有什麼重要結果。做什麼樣的實驗會值2億人民幣。而研究小的加速器所花的人力物力有限。

杜東生：是否可以說10年20年以後再討論造大加速器也不遲？

楊振寧：不一定是20年，10年以後討論也不遲。

李炳安： 我們強調的是10年以後造加速器，而10年內對技術儲備要做些什麼？

汪容： 如果肯定能說10年20年內高能不會有什麼突破，我們可以等10年20年再考慮。否則，我們就有犯錯誤的危險了。

楊振寧： 我看不出10年後要造電子加速器為什麼現在就要培養造電子加速器的人才。目前中國需要大量的科學技術人才。只要培養出好的人才，將來要造質子的就造質子的，要造電子的就造電子的。

徐紹旺： 沒有實踐怎麼培養法？

楊振寧： 不一定要造大加速器才能培養。也可以在物理所搞激光、搞超導，等等。

徐紹旺： 這樣培養的人搞加速器能行嗎？

楊振寧： 如果訓練得好一定能行。

徐紹旺： 我們可以回顧一下世界上幾個大加速器的建造，都是從小到大，從少數人發展到很多人的加速器隊伍，週期都在十幾年。日本開始搞一個12億電子伏的電子加速器，沒有考慮到以後搞質子，質子加速器的研究現在才開始，步子就跨不上去，原來許多問題沒有預料到。所以訓練目標很重要，培養人才既要面廣又要有專長。西歐中心50年代初就開始研究強聚焦，到建成也是10年，搞對撞機從提出加速器的思想到建成也是十幾年的時間，所以不是一下子把人集中起來就能造的。

楊振寧： 我們討論具體一點，比如，北京大學物理系一年只招200個學生，你準備培養多少人將來造加速器？

張文裕： 這只是過渡時期的數字，將來會很大地上升。

杜東生：現在有兩條路子：第一條是10年內不考慮造加速器，集中搞計算機、超導等；第二條是現在就著手考慮培養人才，造大加速器……楊先生認為哪一條路對中國更合適？

楊振寧：如果把第一條路補充一些，我是同意第一條路的。根據我對中國的膚淺了解，例如可以補充上研究加速器原理，進行小的實驗和製造探測器，另外要大量培養物理人才等。

杜東生：這是否說第一條路比第二條路快些？

楊振寧：比第二條對中國的貢獻大。

冼鼎昌：楊先生有沒有這樣的想法，如果物理學有突破，發生在高能物理領域的可能性比在其他領域中要大些？

楊振寧：如果你說的突破是指狹義相對論、廣義相對論和量子力學這一類革命性的改變，我認為，在高能物理領域發生這樣的改變的可能性更大。但中國是要在這方面做出貢獻，還是要在醫藥、生物化學等方面做出貢獻，這要討論。

冼鼎昌：我來嘗試回答楊先生的問題：為什麼在中國要搞高能加速器。物理學的研究角度，從世界的極大到極小。大的方面大到無限大，研究宇宙的起源、宇宙的演變、黑洞、類星體等。小的方面深入到原子核、基本粒子和基本粒子的內部。要研究宏觀宇宙，要有望遠鏡，而要了解微觀世界，就要有加速器。要研究的微觀範圍越小，加速器的能量就要越高。日本做100億電子伏加速器粗看起來似乎是失敗的經驗，但是作為為了製造更大的加速器而培養訓練技術隊伍的措施，也許是必由之路，相當於交付學費。也許這個學費付得大了些。我們的知識來源於實踐，要進行科學的實踐就要有實驗的設備，要有基地。對於中國來說，吸收外國先進的經驗和有用的東西是完全必要的，但是更重要的是自力更生，建立自己的實驗基地。

楊振寧：但你還是沒有回答：今天中國為什麼要造大加速器？

冼鼎昌：當然我說的是比較長遠的事。正如楊先生所說，在高能物理領域中，很有可能要出現革命性的改變，這就值得我們十分注意。我們習慣於把學科分成基礎的和應用的，大致如此，不甚確切，因為有時候分界不是固定的，到了一定的時候，基礎的就會變成應用的。在物理所的座談會上楊先生說過，高能物理的研究好比在沙堆上灑沙子，不但頂端提高，基底也擴大。楊先生指出了基礎和尖端的關係。我們還要看到基礎和應用的關係：應用對基礎研究提出要求，而基礎研究的結果給應用提供新的和更廣泛的可能。沒有強大的基礎，應用也是很偏限的。從上面講的種種原因，我不知道是否回答了楊先生的問題。當然，這要從國家的人力、物力總開支上來考慮。當然這不是馬上的問題，我們還不能一步就跨那麼大。這也許是10年或者15年以後才能實現的問題，但是從現在起就要考慮步子分幾步跨，每步跨多大。

楊振寧：完全同意10年之後再討論。

杜遠才：美國布魯克海文實驗室造加速器，10年之前就做好了準備。我們現在也就要考慮造加速器的問題。

楊振寧：我不了解為什麼10年之後要造加速器10年之前就要考慮造什麼樣的。尤其是10年後加速器技術會有新的重大發展（如超導）。第二是高能物理本身要發展，5年內現在的2000億電子伏加速器及西歐中心的高能對撞機都要出很重要的結果。所以今天討論10年後建什麼加速器不切實際。

杜遠才：目前國內無大加速器，通過宇宙線研究培養幹部是否可取？

楊振寧：宇宙線的工作，由於對撞機的出現，重要性降低了。但用宇宙線工作訓練人才，規模也不大，是可以做的。

杜遠才：有沒有什麼工作加速器不好做，而宇宙線是好做的？

楊振寧：我不知道哪些實驗用宇宙線比用加速器好。能量1012–1020ev（ev: 電子伏）只能用宇宙線（加速器能量比這個低）。不過這種實驗相當貴，我懷疑是否值得。

還有許多實驗與天文物理有關，如X射線源、伽馬射線源的問題，用類似於宇宙射線實驗方法研究，最近有很大發展。

我有個感覺，在座的有許多位贊成中國造大加速器，這是我沒有預料到的。對我來說，這個問題是很明顯的，造貴的加速器與目前中國的需要不符合。我的想法也許是錯的。但據我觀察，我相信，我的想法是對的。

吳濟民：如果10年後造加速器，而現在不做準備，有些技術就跟不上，例如超導。

楊振寧：超導一定要搞不是因為要造加速器。中國必須搞超導。中國目前人才缺乏。你現在把方向對準了，培養出來的人知識面就會太窄，任何一個國家也不是這樣做的。如果有了人才，10年後要做什麼就可以做什麼。美國的超導專家費爾班克，10年前也沒想到今天他會做超導加速器，但他現在做得很好。

徐紹旺：超導在其他方面用的都是很小型的，如果不靠加速器來帶動，大型超導技術是發展不起來的。所以加速器發展又反過來會推動其他方面的發展。

楊振寧：用一個大計劃推動其他技術發展這個道理講得通。但是講來講去，要在中國造一個2億元的加速器對中國有什麼作用？

杜東生：如果按剛才討論的第一條路，10年內不造大加速器，當前應當怎麼走？

楊振寧：這個問題面很廣，不是我能很好貢獻意見的，也不是半天能討論清楚的，我們把問題的面弄窄點，只討論物理方面。

在物理方面，中國急需大量物理人才。由於"文化大革命"，教育中斷了，空缺要彌補，各方面的人才都要培養。普遍現象是業務隔離，各人只管一小方面，彼此不發生興趣，而科學發展要求彼此發生興趣。要多開學術討論會，多鼓勵青年人參加學術討論會，這是必要的。目前的教育制度是否與要求培養更多的科學人才有矛盾，我對中國的情況不太了解。經過"文化大革命"，教育有新的哲學，怎樣在這個哲學中把這些矛盾都解決。討論這個問題比討論10年後造大加速器重要得多！

王世偉：加速器上自動掃描、自動測量、自動數據處理的進展如何？

楊振寧：火花室能把信息直接送入計算機，自動算出結果。這是計算機工業發展到一定程度之後的一個相當自然的進步。這方面發展很多，我沒做過高能實驗，詳細的方法我不清楚。線火花室有很多實驗，火花的數目很多，要有很多記憶，困難不是加速器流強不夠，而是計算機記憶存儲數目不夠。

毛慧順： 有些電磁相互作用的實驗，例如反常磁矩、精細結構常數等的測量不需要高能加速器，是不是值得發展？

楊振寧： 你指的是用約瑟夫遜（Josephson）效應做的實驗？我認為這類實驗可以做。還有韋伯（Weber）關於重力波的實驗極為重要，比起做加速器人力物力都用得少些。我同意做。

毛慧順： 還有地下找中間玻色子的實驗怎麼樣？

楊振寧： 這類實驗的規模都太大。測精細結構常數這類實驗規模不大可以做。

毛慧順： 這些精細測量的實驗物理意義如何？

楊振寧： 蘭姆（Lamb）對氫原子S、P能級間距做了精確測量，這在物理上有重要意義。麥克斯韋（Maxwell）在當開文迪許實驗室主任時說：“精確測量只不過把物理常數多加幾個小數點以後的有效數字。”這種說法是錯的。凡是把大家的興趣向廣的方向引的實驗我都贊成！

王祝翔： 請楊先生談談對韋伯實驗前景的看法。

楊振寧： 很多人懷疑他的實驗，他始終不肯把實驗記錄本給人看。中間有過錯誤。其一是天線與銀河系夾角問題，有人指出他的週期差二倍，他不知怎麼就改過來了；其二是能量發射太大。現在不少人正在從實驗上企圖證實或否定韋伯的實驗。6月在美國劍橋開了這方面的會。

王世偉： 現在加速器最大能量為1012ev，在宇宙線內有1012–1021ev能量的粒子，能否希望宇宙線得到重要的物理結果？

楊振寧： 我不能給一個普遍的討論，要看具體問題。宇宙線高能質點很少，實驗規模很大。宇宙線實驗中正確的東西與不正確的

東西常混在一起，難以分辨。高能物理的主要觀念是從加速器來
的。這不是不要宇宙線，但宇宙線要花相當大的力量做。

張文裕：楊先生5點鐘還有約會，以後再找機會談。今天同志
們提了很多重要問題和楊先生討論，楊先生做了回答，值得我們參
考。

有兩點我很同意：一是目前的研究方向應當是考慮花錢不多、
設備不複雜而有意義的工作。二是培幹問題，楊先生多次提到了，
要培養廣闊的科學興趣，加強學術交流。在物理研究領域中各種工
作是相互聯繫的，不是互相孤立的，科學與科學之間也是有互相聯
繫的。楊先生的建議值得我們參考。感謝楊先生有益的討論。

"盛宴已經結束！"

—— 高能物理的未來

　　1980年，在VPI會議上關於高能物理的未來，楊振寧講了一句話"The party is over"，許多人不喜歡，可是沒有記錄。2000年，黃克孫在香港中文大學做訪問學者，談起那次會議的一些細節與講那句話的前因後果。下面是訪問記錄的一部分的翻譯（2000年的訪問記錄現存香港中文大學楊振寧檔案館）。

　　楊振寧（以下簡稱"楊"）：我覺得玻色愛因斯坦凝聚態是一個非常重要的新發現，其間經過了四五個十分漂亮的技術創新。我曾說過，這個領域將會在以後5到20年間變得非常重要。

　　黃克孫（以下簡稱"黃"）：你覺得它會引導出一些重要的應用嗎？

　　楊：是的，我完全相信。具體來講，它將會引導出激原子束（atom laser）。

黃：我們已經有了激原子束。

楊：激原子的？

黃：是的，激原子的。

楊：激原子束比激光要更強有力，因為它有內在的自由度，所以你可以改變它，改變它的相位。當你能製造出相當強度的激原子束時，你就有了一個新的可能做實驗的方向。

黃：有趣的是，當你和大家討論這個題目的時候，他們的反應完全不同。要看他們的專業，理論粒子物理學家多半認為這不是一個非常重要的發展。

楊：不是非常重要的發展？

黃：對，不是一個非常重要的發展，只是一個設備而已。

楊：誰會這樣說？

黃：幾乎所有的理論粒子學家都會這樣說。它將只是一個已經被了解的現象。

楊：我是一個粒子理論物理學家，可是我沒有這種看法。我覺得這裏邊有一些妒忌的成分。事實是，粒子物理學在過去的世紀裏有了長足的進展，尤其是在最近這50年，可是它獨佔物理學龍頭地位的情況現在即將截止了。

我不知道你曉得不曉得下面的故事——我記得你沒有參加。在1980年 Marshak 組織了一個國際會議，在 VPI。我記得你沒有參加。Marshak 組織這個會議，一部分因為周光召在那裏訪問了一年或者一年半，Marshak 非常欣賞周光召的成就，所以他組織了這個會議，參加的人很多。會議的最後一次是在一個星期六的上午，是一個座談會，關於高能物理的未來。你聽過這個故事嗎？

黃：沒有。

楊：我曾被邀請參加那天的座談，但我拒絕了。我說我不覺得有什麼重要的話要講。所以座談開始的時候，我坐在下面聽。參加座談的有哪些人？10位：Marshak，TD Lee，Martin Perl，Gursey，Weinberg，也許還有 Glashow，周光召？當然，Nambu 和一些歐洲人。他們變成兩組。一組說 W 和 Z 將要被發現；另外一組說 W 和 Z 不會被發現，含義是說它們不被發現更好，因為那樣你就有一些謎去研究了。

他們討論了差不多一個小時，座談會快要結束的時候，Gursey 突然發現我坐在講臺下面。

他說："楊教授在聽眾之中，我們希望聽聽他的見解。"

我說："不，不，我已經拒絕參加這個座談了。"

然後，大家就說他們希望我講幾句話。我臨時對 Marshak 說："好，我會說幾句話，假如你答應不把它發表。"

他說 OK，而且他後來確實做到了。

我說："在以後10年間——"我記得座談會的題目是高能物理的未來或者是以後10年。我說："在以後10年間，高能物理最重要的發現就是：The party is over（盛宴已經結束）。"

我說了以後，大家都不講話。沒有人說什麼，Marshak 就宣佈會議結束。我記得好幾位年輕人就圍著我，其中有戴自海——你知道戴自海？

黃：知道。

楊：戴自海和我辯論，我說："我不和你辯了，但請記住，我所說的話對你的將來比對我的將來重要。"（笑）

黃：確實如此，可是有些人仍然相信 party 還未結束。

附記

（2017年）

我今天仍然認為1980年我那句話 "The party is over" 是正確的：

1）1980年以後，直到今天，所有高能物理的發現與發展，其理論基礎都源於1980年以前（譬如2012年 Higgs 粒子的發現，當然是高能物理學界的大事，可它是1980年以前就預言了的）。

2）為什麼1980年以後理論物理沒有重要發展呢？

歷史上重要的理論發展幾乎全都起源於實驗：力學、熱力學、電磁學、量子力學都是如此。1980年以前的30年間理論高能物理也不例外：那30年間 "奇異粒子" 的發現，自 "table top" 實驗開始，催生了高能物理，催生了實驗與理論互動的時代，催生了振奮人心的 "盛宴"。

可是到1980年左右，這個盛宴已經無法繼續：實驗設置已變得極大（到21世紀實驗團隊更大到數千人），高能實驗物理變成了大計劃、大預算，失去了 table top 實驗探索自然奧秘的精神與感受，高能理論物理也因而失去了實驗結果所帶來的啟發。

Please allow me to quote here a passage from page 40 of my little book *Elementary Particles* published in 1962:

> *The necessary tendency toward bigness is unfortunate, as it hinders free and individual initiative. It makes research less intimate, less inspiring, and less controllable. However it must be accepted as a fact of life. Let us take courage then in the knowledge that despite their physical bigness, the machines, the detector, and indeed the experiments themselves are still based on ideas that have the same simplicity, the same intimacy and controllability that have always made research so exciting and inspiring.*

楊振寧：我是保守的革命者[*]

錢煒安然

　　"我得諾獎最大的作用，就是改變了長久以來中國人自己覺得不如人的心理。"

　　"在合適的情形之下，一個腦筋清楚、做事果斷而有遠見的、不那麼民主的政治，把科技推上去的本領更大，因為它有效率。"

　　清華大學科學館，走廊盡頭這個近30平方米的房間因為沒有豐富的物品陳設而顯得有些空曠，然而這個房間裏卻有一個用來思考整個物質世界運動規律的大腦。

　　物理學家楊振寧端坐在辦公桌前，這位諾貝爾獎獲得者始終用一種缺少變化的語氣與我們交談。他神情溫和，那是一種讓人感到難以改變的溫和，甚至連時間對他的改變都顯得那麼艱難 —— 這位

---

[*] 本文原載《中國新聞週刊》2011年第40期。

89歲的東方男人看起來非常健康，言談舉止間保持著足夠清晰、敏捷的狀態。一個小時的談話剛一結束，他就起身拎起黑色文件包步出辦公室，結束了他日常的半天上班時間。

楊振寧把自己的健康長壽歸結於"幸運"，他說他人生的每一個轉折點都選擇了正確的道路，所以"這一輩子簡直可以說是沒法子更幸運了"。被他稱為幸運的，還有上帝給他的"最後的禮物"——比他年輕54歲的妻子翁帆。楊振寧用自己的晚年生活來詮釋的這段"不對稱"之美，似乎比讓他獲得諾貝爾獎的"宇稱不守恆"定律更讓世人驚奇。

即使拋開"首位獲得諾貝爾獎的中國人"這個光環，楊振寧的人生依然有諸多的戲劇性：他生於民國時代，父親是清華大學數學教授，接受過中國傳統文化的熏陶，在西南聯大完成大學教育，長期在美國投身於科學事業，最終回到祖國。

科學館西側的近春園是楊振寧"小時候到處遊玩"的地方，從這裏走到他在清華園的寓所"歸根居"只有一段20分鐘的路程，卻濃縮了他89年的人生。在這位科學家身上，我們不僅看不到不同文化衝突造成的印跡，也找不到科學天才慣有的孤僻和怪誕。難怪楊振寧的一位老友稱他為"最正常的天才"。

就在楊振寧的兩本傳記相繼在中國大陸出版之際，《中國新聞週刊》對他進行了專訪。

中國新聞週刊：上個月，三聯書店剛剛出版了《楊振寧傳》，台灣作家江才健於2002年寫就的《規範與對稱之美 —— 楊振寧傳》最近也在大陸公開出版。你對這兩本傳記評價如何？它們可以看作是對你人生經歷的全面總結嗎？

楊振寧：我想再三地講，中國對於人物傳記的寫作歷史很長，但現在像西方寫人物傳記那樣去做的，卻是很少的。西方人寫傳記，最大的特點是求真實。而中國當代的很多傳記，比如關於華羅庚的、陳景潤的，都不忍卒讀，是"傳記文學"，與文學相關，就有空想的成分在裏頭。而這兩本，比較像西方的寫法。

這兩本書相當不一樣，《楊振寧傳》的作者楊建鄴是物理學教授，他的物理知識很多，又讀了大量的文獻，對我的工作有很多詳細的、半通俗的描寫。江才健的好處是，他在美國訪問了很多人，可能有100多人，都是我人生不同時代的朋友，所以也有他的特色。

一個人的一生是很複雜的事情。如果把這兩本書加起來，我人生經歷過的，有80%都在裏頭了。因為我還有很多很熟的朋友，其中有些已經不在了，兩位作者沒有機會跟這些人長談，所以不能那麼全面。

江才健的書是2002年在台灣出版的，當時他也跟大陸的出版社聯繫過，後來無疾而終。這可能是因為書中涉及李政道和我的事情。官方儘可能不要牽扯到這件事裏面去，因此他們認為，如果江才健的書在大陸出版，似乎會代表官方的一個立場。可是後來李政道的傳記在大陸出版了，於是江才健又重新聯繫了大陸的出版社，因而這本書最近剛剛出版。

中國新聞週刊：說起你和李政道的關係，我們知道你表示過不再公開討論此事。但我們還是想知道，隨著年齡的增長和世事變遷，你現在對於當年和李政道的矛盾是不是會有一些新的看法呢？

楊振寧：（沉吟許久）我跟李政道的關係是很長、很複雜的一個關係，這裏頭有學術的關係，也有感情的關係。不過大體上是怎麼回事，這兩本書裏面都已經有了。這是一個很不幸的事情，不過我不覺得我做了任何真正錯誤的事。

中國新聞週刊：今年的諾貝爾獎剛剛頒佈，一個有趣的細節是，其中的一位諾貝爾物理學獎得主表示，自己最高興的事，是他因為獲獎，而在加州大學伯克利分校獲贈了一個免費的停車位。我們聽說，你在紐約大學石溪分校也有這樣一個停車位，而這個停車位還時常被別人所佔據。獲得諾貝爾獎，對你的生活有什麼影響？

楊振寧：多半得諾貝爾科學獎的人，獲獎對他們沒有什麼影響。他們都是在科學前沿非常專注地做研究，獲獎之後，也還是繼續做下去。有沒有少數人的注意力轉移了呢？是有的，但也是少數的。我以為，我得諾獎最大的作用，就是改變了長久以來中國人自己覺得不如人的心理。

中國新聞週刊：你一直關心中國科技的發展，請評價一下目前國內科學技術發展的狀況。

楊振寧：進入20世紀以後，中國開始大舉引進西方的觀念和方法。現在幾十年間，我個人認為，中國的科技發展得非常之快。這是我跟很多人不一樣的看法。

科技的發展，絕不是一天兩天的事情，不僅需要科學家的努力，也要有大眾的支持，它是整個社會的事情。西方幾百年的發展，中國要在幾十年內趕上來，是很難的。中國的經濟情形很差的時候，都能使衛星上天，當然是非常成功，而不是非常失敗。

但你如果要問我，物理學的前沿，中國發展得怎麼樣？那當然還是落後於很多發達國家。不過，我認為整個發展的勢頭很快，我可以預言，在以後10年、20年，在中國本土，做出最重要工作的可能性非常大。

美國的拉斯克獎是生物醫學界的一個大獎，其中今年的臨床醫學獎，給了中國科學家屠呦呦。這件事情證明，在中國的土壤上，事實上曾做過很多重要的工作。可由於一些原因，沒有被認可。屠呦呦之前沒有被國際認可，原因是她的成果沒有用英文發表，而且當時又是集體制，弄不清是誰做的。

如果單講物理學，國內也有很好的工作，比如高溫超導，在國際上也被公認是一流的。

中國新聞週刊：但目前中國的科技界，也有很多不好的風氣和弊端。因此有人持悲觀態度，認為即使再過很多年，中國依然沒有人能夠拿到諾貝爾獎。請問你怎麼看待這個問題？

楊振寧：中國科技界的問題，我歸納起來有兩點：第一點是，社會上風氣不好，作假很多。這個風氣已經從商業領域蔓延到學校、科研機構。為什麼會有這種現象？這是很複雜的問題，但這是不是就會阻止中國科技的發展？我不相信。如果能改正，是不是有好處？我認為肯定是有。

第二點是關於資金的分配。國家現在有些錢了，在資金分配的問題上，吵得很兇。這方面有需要改進的地方。不過，我們要看到，中國發展的模式、速度，都是史無前例的。中國現在忽然有了很多錢，想要合理地分配出去，這在任何國家都是個難題。可是因為有這個問題，就要將中國科技發展置於死地，是不對的。

中國新聞週刊：前一段時間，北大生命科學學院院長饒毅在院士評選中落選，由此引發了人們關於院士制度的討論。請問你對此事有什麼觀察？

楊振寧：你要說任何一個國家選院士，過程是不是都有問題？回答是："是的。"所以這個問題不是唯中國才有的。美國有2000多個院士，每年選一次，過程是很複雜的。在美國競選院士，有兩個重要因素，一是學術成就，二是做人的態度、人事關係。在美國，要想成功競選，70%靠研究成績，30%靠關係和做人的態度。但在中國是倒過來的。這是我們現在討論得很厲害的，而這種討論是有好處的。今後，我們在這方面應該往美國那個方向走。

至於饒毅，雖然我和他不是同一個領域的，我想他的工作是沒問題的，不過他的作風可能很多人不喜歡，所以他們不投他的票。在美國也有這樣的情形，這並不稀奇。

中國新聞週刊：今年6月，在邵逸夫獎頒獎儀式上你曾表示，不民主的政治對科學的推動可能要比民主的政治作用更大。你能否對這個看法做一些解釋？

楊振寧：當時有人問我，一個民主的政治和一個不民主的政治，對於科技的發展，哪個來得快？我想，在合適的情形之下，一個腦筋清楚、做事果斷而有遠見的、不那麼民主的政治，把科技推上去的本領更大，因為它有效率。中國在一窮二白的情況下能研製出原子彈來，雖然中國（實行的）不是美式的民主，但有遠見，有決心，有能力。

另外，我還想多講一些，最終的問題是，什麼叫民主？一般人的印象，以為競選就是民主，但這只是民主的"一個"解釋。我認為，社會結構的基本原則，是以整個人民的生活狀態跟前途為第一要義的，才能叫民主。從這個意義來說，中國現在很民主。你不知道20世紀20年代我出生的時候中國是個什麼樣子！新中國成立以來，不管這裏面發生了多少事情，但你算一下總賬，今天13億人的生活情形，以及對前途的看法，跟我小時候是完全不一樣的，所以這符合我剛才所說的民主。

中國新聞週刊：在新中國成立後，你的父親楊武之先生曾希望你能回國。但當時你認為中國的情況不利於你個人學術的發展。而如果繼續在美國做研究，將來對中國的作用和增進中美科學界的關係恐怕會更有效。在"文革"期間，你是第一位回國訪問的科學家。那麼，如今你為什麼回到中國、回到清華？回來這幾年，你在清華高等研究院的工作進展如何？

楊振寧：我回到清華來，是因為清華大學校長王大中、副校長梁尤能在90年代就來找我，他們要打造出第一流的大學，希望我來幫忙。一方面清華有這個需要，另一方面，我覺得我可以幫清華做一些事。我不認為這對我是一個壓力，或是一個負擔，這是我願意做、值得做的一件事。至於怎麼個說法，沒辦法，這很自然。所以我最終在2003年搬了回來。

今天看來，我這個決定是對的。我是幫清華做了一些事情，也在漸漸地發生一些作用，這將在5年、10年後看得更清楚。我有意識地不把高等研究中心搞得很大，不要量，而是要質的發展。

我們訓練出來的本科生，出國以後，都在國外嶄露頭角。特別是在凝聚態物理方面，今天在美國，這個領域最著名的20個年輕科學家中，幾乎有一半都是清華出去的。我認為這是我們的一個成績。而現在，在美國經濟困難的背景下，這些人預備回來的越來越多。

中國新聞週刊：你投身於理論物理的研究，尤其是受父親的影響，將物理與數學結合得很好。但這些學科在外人看來不僅非常難以理解，而且是很枯燥的。對於你從中體會到的美妙之處和獲得的樂趣，能給我們描述出來，讓我們也感受一下嗎？

楊振寧：我曾經專門撰寫過一篇文章，叫《美與物理學》。物理學是非常美的，這是因為整個世界的基本結構是非常美的。研究物理你就會感到，在世界複雜的表象之下，有非常簡潔的秩序和規律可循。

舉個例子，現在的網絡通信、X光、伽馬射線，所有這些非常複雜的技術和現象，都是基於幾個非常簡單的方程式。當年，麥克斯韋用了四行方程式就定下了無線電、網絡通信的基礎。學物理的人了解了這些像詩一樣的方程式的意義以後，對它們的美的感受是既直接又十分複雜的。我在文章中說過，那是一種莊嚴感、神聖感，一種初窺宇宙奧秘的畏懼感。物理學家從中體會到的美，我想正是籌建哥特式教堂的建築師們所要歌頌的崇高美、靈魂美 —— 最終極的美。

中國新聞週刊：1999年5月，在你的榮休學術研討會上，你的好友、普林斯頓高等研究院教授弗里曼·戴森稱你是"保守的革命者"，你對他這個說法怎麼看？

楊振寧：他說得非常對！當年發現了"宇稱不守恆"，這不是物理學的局部問題，而是改變了整個物理學的前沿的，因此是"革命性的"。同時，我又是比較保守的。比如，清末民初，錢玄同和傅斯年發表文章說，中國落後的原因是漢字導致的，因此他們主張廢除中文，改用拼音文字。對於這樣一些過於激進的做法，我是完全不同意的。所以總的來說，我的確是一個"保守的革命者"。

越來越覺得個人的生命
在整個宇宙之間是一個非常渺小的事情
——《人物》對話楊振寧[*]

劉磊

談當下

最關心的就是國際大勢會演變成什麼樣子

《人物》：現在最關心什麼問題？

楊振寧（以下簡稱"楊"）：我想最關心的就是國際大勢會演變成什麼樣子。現在世界處在一個動盪的時代，這有好多個因素，有長遠的因素，有比較立刻的因素。長遠的因素最主要的就是整個世界的經濟發展處在一個轉型的時期，其中一個重要的元素就是中國在快速地變得更強大，而美國問題多得不得了，歐洲問題多得不得了，這是一個總的長期的趨勢。那短的趨勢呢，我想有好些個重

---

*本文原載《人物》雜誌2017年6月。

要的，也許最重要的一個就是美國的新總統，現在沒有人敢講，包括他自己，到底他要把整個世界帶到什麼地方去。

《人物》：你對特朗普是一個怎樣的態度？

楊：我覺得這人，不喜歡他的人很多，喜歡他的人也很多。我想也許因為他要做的這件事跟美國以前的各屆總統都不一樣，他從頭起就有這麼一個——你說是雄心也好，你說是他的野心也好，他就要這樣，所以他做出來許多讓大家大吃一驚的事情，而且他這些讓人大吃一驚的事情不一定是相互矛盾的。所以我想習近平主席跟他見面以後，一定覺得這個人不太容易對付（笑），因為虛虛實實，你不知道他到底最後要做什麼事情。你要我說呢，這也是一種做大事的策略吧。我疑心他之所以很會賺錢，與他這種性格可能有關係。他現在把這個性格搬到世界的政治上來（笑），這要產生什麼後果，我想是大家都非常擔心的。不過我覺得不是不可能，他最後多多少少會接受習主席好多年來提出來的總體的思想，就是說中國跟美國不對抗，不衝突，互相尊重，合作雙贏。這個政策奧巴馬始終不接受，看這樣子呢，特朗普可能接受。不敢講（一定），我只是說可能（笑）。假如他要接受了這個的話，這對於世界的前途當然有非常好的穩定的作用。

《人物》：網絡上一些熱點新聞平時會關心嗎？

楊：網絡是這樣，是影響整個人類的一個重大的發展，不過從個人的立場講起來，你得學會怎麼用這個網了，這個我想也是一個全世界的大問題。因為我想一個小學生就可能對網絡非常發生興趣，那麼怎麼能夠引導他善於利用網絡，而不掉到陷阱裏頭，這是一個大問題。我對這個沒有什麼深入的研究，就不敢發表意見，可是我知道這是一個非常重要的事情。

我不太喜歡把 "創業" 這兩個字用到科學的重要發展上

《人物》：在物理上，你現在還關心什麼樣的問題？

楊：今天物理學跟我年輕的時候、我中年時候的物理學最大的分別，就是今天可以看得出來以後三五十年大有發展的恐怕都是一些應用的，對於極為基礎的物理學的研究，現在看三五十年之內不大容易有發展。而這個分別，多半的物理學家，尤其是現在唸物理系研究生的同學都不了解，所以我經常呼籲大家要對這點多做些注意。

《人物》：打一個比方，在愛因斯坦的時候，其實是物理學的一個創業的時代，愛因斯坦、牛頓、麥克斯韋建了幾根柱子，現在它已經進入一個更完善的狀態，空間會更小了，對吧？

楊：愛因斯坦的時代也就是20世紀頭30年，頭三五十年，我認為那是黃金時代。那個時候正是物理學大革命的時代。愛因斯坦厲害的地方就是他不是受了導師的引導，他自己就看出來了。他的第一個革命性的工作是1905年做出來的，叫作狹義相對論，你們大概聽說過。可是你如果仔細去研究他的歷史呢，他還在做學生的時候，他跟他的女朋友通信，我記得好像是1899年，就講他那時候熱心在搞些什麼，就是後來狹義相對論這個方向。所以你可以說他是自己在做學生的時候就認識到這個領域是他要去追求答案的一個領域，這是他厲害的地方。他在1905年還另外寫了兩篇重要的文章，其中有一篇關於光是什麼，在那以前大家公認光是一種波，他大膽地——那時候他26歲——提出來，說是光可能是一種粒子，一顆一顆的，這個是離經叛道，大家都不相信，可是後來證明他這個見解是對的。你可以說那個時候是遍地黃金，所以他成功了；你也可以說他有深入的見解，所以他成功了。我想這兩個條件都要有，所以他才成功了。

你剛才用了"創業"這個名詞，我知道現在大家都在用這個名詞。"創業"這個名詞用到愛因斯坦身上，或者是不同的重要的科學發展上，不太妥當。我跟你解釋一下為什麼我覺得不太妥當。愛因斯坦的重要的工作，剛才講的狹義相對論、光子，還有一些別的，是不是創建了一個新的事業呢？事後講起來回答是"是的"。可是我為什麼不覺得用創業來描述他的精神或者影響（妥當）呢？因為愛因斯坦在做這些事情的時候，沒有任何要創業的想法。我想像馬雲搞出來網購，他在開始的時候就是要創一個事業，愛因斯坦沒有想要創一個事業。（再）比如說20世紀最重要的生物學的論文是克里克跟沃森所寫的雙螺旋，是1953年的文章，現在整個生物工程都是這個引導出來的，所以事後講起來是非常創業的，可是這不是他們兩個所想做的事情。他們沒有一個"業"的觀念，愛因斯坦沒有"業"的觀念，沃森和克里克也沒有"業"的觀念，他們只是要解決一個很具體的，可是很專業的問題。可是這個解決了以後，就引導出來了，好像打開了一個大門。所以我覺得我不太喜歡把"創業"這兩個字用到科學的重要的發展上。

我覺得事實上現在傳媒上頭，不管是書籍、雜誌或者是報紙上面，還是網上，講出來的話都有這個問題，你們要能夠把這一點提出來，我覺得是個貢獻。

談生命、宇宙和自然

現在不是都熱衷於人工智能嗎，可是這些東西離小牛跟它母親之間的複雜關係，那還是差得很遠呢

《人物》：如果向一個完全的外行去描述物理學之美，你會怎麼來描述？

楊：世界的結構的美是多方面的，所以對於這個美的感受也是多方面的。比如說我看電視有時候有一個鳥栽到水裏頭抓一條魚，它的那個速度，它的那個準確，使我想到自然的結構，是妙不可言的。所以中國的詩人、西方的詩人，描寫老鷹準確地抓捕小動物，就有很多有名的詩句，這是一種美。

我想在基本科學裏發現最深的美，最好的例子就是牛頓。100萬年以前的人類就已經了解到了太陽東邊出來西邊下去的這個規律。可是沒有懂的是什麼呢？是原來這些規律是有非常準確的數學結構的。懂了這些數學結構，你可以非常非常非常準確地預言明天太陽什麼時候出來。就是說對於大家所看見的規律背後有準確的數學結構這件事情的認識，是牛頓告訴整個世界的。這是牛頓對人類最重要的貢獻，也是人類對於自然的美最深入的了解的開始。今天牛頓所寫下來的方程式準確到什麼程度呢？像現在衛星上天，對接起來，天宮一號、二號對接，這些事情都是極為準確的，不是到分、秒，是到百萬分之一秒的這種準確，這些都是牛頓的方程式告訴我們的。這種美使得人類對自然有了一個新的認識，我認為這是從事科學研究的人最傾倒的美。

《人物》：你說60歲那年有一個很大的發現，就是生命是有限的。這90多年的人生當中像這樣的"大發現"還有哪些？

楊：確實是，我60歲前後突然有一個感覺，原來生命是有限的。這代表說，以前我從來沒有想過這個事情，這是相當突然的一個新的認知。你問我現在到了九十幾歲，有沒有新的想法呢，有，可是不是那樣子突然的一個了解。現在漸漸的越來越深的新的想法是什麼呢？就是覺得自然界是非常非常妙，而且是非常非常深奧的。越來越覺得人類非常渺小，越來越覺得人類弄來弄去是有了很多的進步——對於自然的了解，當然是與日俱增的——可是這些與日俱增的內容，比起整個自然界、整個結構，還是微不足道的。你也可以說年紀越大，這種對於自然界的敬畏感越來越深。

《人物》：那你怎麼看人生的意義？

楊：我想，從整個宇宙結構講起來，人類的生命不是什麼重要的事情，個人的生命更是沒有什麼重要的。不過，從個人講起來呢，雖然了解了他這個人的生命在整個宇宙之中是一個非常渺小的事情，但並不代表他就不必或者是不應該去想辦法做出來他能做的事情，這是我現在的態度。我覺得個人的態度最好是一方面了解到自己的渺小，一方面儘量地希望這個渺小的生命還是有點意義。

《人物》：你覺得渺小生命的意義是什麼？

楊：世界上有很多大家公認的有意思的事情。比如說能夠幫助人類克服一種疾病，我想沒有人會否認這是一件值得做的事情。幫助一部分人改善他們的生活狀態，我想大家也都認為這是有意義的事情。這個所謂有意義，這個定義，也是可以商討的。不過所有可以商討的事情，從某種立場上講起來，都一定是有它的意義的。

《人物》：你是怎麼理解和看待上帝的？

楊：為了不搞到複雜的討論上去，我們不要用"上帝"這個名詞，就是"自然界"。你看世界上的生物，稀奇古怪的種類多得不得了。尤其是現在研究得越來越多了，有細胞，有單細胞的生物，可是還有病毒，病毒不是細胞，比細胞更簡單，可是又非常複雜，而這裏頭的相互作用，簡直是沒法子……另外，有許多事情，你看了自然界的話，你會覺得沒法子想象怎麼變成這樣。比如說你在電視上看見一個小牛出生，出生了幾秒鐘之後它就想法站起來，但常常站不起來，因為站起來立刻就摔倒，然後它又試圖站起來。怎麼樣一個安排，使它知道它要站起來？而且失敗了以後還可以再嘗試，然後等到最後站了起來，它就知道要去吃它媽媽的奶。這個母親跟這個小牛之間的關係，是一種非常神秘的事情。自然界非常稀奇的事情非常之多。這就使得我想到，現在大家不是都熱衷於人工智能嗎？他們研究的也是很稀奇的東西，可是這些東西離小牛跟它母親之間的複雜關係，還差得很遠呢。我很難想象在以後200年之間，生物學家對母子之間的 bonding 能夠有深入的了解。這一類的事情使得我越看多了以後越覺得我們所做的東西其實是——從整體講起來還是非常渺小的。

人是有限的，而宇宙是無限的，所以沒法能夠完全了解

《人物》：你看科幻小說嗎？

楊：我小時候看科幻小說，成人以後很少看科幻小說，有時候拿一兩本翻一下，現在就比較看不下去。這其實是很有意思的一件

事情，為什麼？這個我還沒有仔細想過，這是一個現象。就是我十幾歲的時候看了——還有武俠小說，我現在也是看不下去武俠小說——那個時候像福爾摩斯，我看了很多，現在都看不下去了。近代的一些科幻小說呢，我更看不下去。前些時候《三體》變得非常有名，我就買來看，看不下去。與這個小說其實沒關係，與我自己的精神狀態有關係。

《人物》：是因為你覺得科幻小說跟你從事的工作完全是兩回事嗎？

楊：不是，我想是因為我對於現實世界更發生興趣（笑），所以就覺得虛構的東西不能跟現實世界比。我想這是主要的道理。對於現實世界的複雜性，跟它裏頭這些奇怪又妙的事情了解多了，就覺得科幻小說沒法子跟這個比。

《人物》：宇宙在你的頭腦中是什麼樣的形象？

楊：現在天文學已經相當清楚地告訴我們是有大爆炸的。有些科學家在研究是不是另外有宇宙，從科學的立場上講起來，我完全沒有懂，我完全不了解這些科學家所做的東西。我自己覺得從一個大的觀點來看，說是有大爆炸，大爆炸後來產生了很多的現象，有了這些現象，就出來了很多的元素，有這些元素慢慢地就出來了一些有機體，後來就出來人類，這個大概的經過，我覺得大概是對的。

《人物》：你講過在中學的時候讀過詹姆斯·金斯的那本《神秘的宇宙》，你說當時看了印象非常深刻，現在回想起來，當時的感受跟現在的感受一樣嗎？

楊：當然不能是一樣了，不過有些部分是重復的。當時是覺得，啊，原來宇宙的物理結構是這麼樣子的神奇。今天你要問我呢，我仍然覺得是神奇，不過那個時候這個神奇的定義跟今天這個神奇的定義當然有一個很大的分別。那個時候的神奇就是覺得沒想到原來是這樣的，現在當然也是沒想到，可是更具體了一些，就是發現原來宇宙的結構在有些地方有非常準確的規律。人類第一次知道這個，是因為牛頓的工作。牛頓告訴了人類，自然的結構有非常準確的規律。我認為是近代科學誕生以後，人類對於自然的了解就跟從前不一樣了。從前是馬馬虎虎的，到這個以後呢，就知道這馬馬虎虎背後有很準確的東西，而這準確的東西，用人類的腦子可以了解其中的一部分。

今天我們還是在做這件事情，可是有一個問題當時（也許）牛頓沒問，這個問題就是：是不是這個準確的了解可以無限地準確下去？我猜想，牛頓當初大概是覺得可以，因為他那時候受了宗教的影響，他覺得所以有這些準確的規律，是上帝製造出來的。那麼既然有上帝，當然這個上帝就可以控制一切的一切。他是有一個上帝的。今天你要問我呢，我覺得有一個人的形象的上帝我是不相信的，至於說我們能不能無限地了解下去呢，我現在採取的是比較悲觀的態度。為什麼我比較悲觀呢？因為我覺得人的腦子有很多神經元，這些神經元的數目是有限的，拿來跟宇宙的這些現象比呢，那又是渺小和不足道的。從這個立場講起來，我現在的看法是，我們是做了許多了解，對於宇宙的結構有很多非常深入的了解，可是我認為我們永遠不會把所有的宇宙的複雜的結構都完全了解，因為我們是有限的。你要讓我用一句話講出來，就是因為人是有限的，而宇宙是無限的，所以沒法能夠完全了解。

談文學

張愛玲是寫得特別好，她是一個天才

《人物》：文學家裏邊有你特別喜歡的嗎？

楊：中國的傳統小說，比如《三國》、《水滸》，這些當然是從小就喜歡看的。當然到了年紀大再看的時候，就看見了一些小時候沒有看見的東西。這些裏邊所反映的人際關係，反映的人跟人之間複雜的心理，是非常深入的。可以說一個外國人對於中國文化入門，從這個（傳統小說）是比較好的一條路。像《紅樓夢》的話，我小時候是看不下去的，我想很多人都會（笑），因為《紅樓夢》裏跟剛才講《三國》、《水滸》的人際關係又不一樣了。我小時候看了，覺得淨講了一些沒有意思的事情（笑），可是到了年紀大了以後就了解到人際關係有比我小時候所了解的要多得多的東西。

當代的小說，我看得不多，我倒還沒有找出一個特別喜歡的。剛才我跟你講了科幻小說，我看不下去的。莫言，我看了以後，也許我還沒有仔細研究過，也沒有覺得寫得特別好。

張愛玲是寫得特別好。我覺得她是一個天才，非常可惜，她的家境非常糟糕。而且前年我去研究了一下——因為我看了她的《小團圓》，然後就研究了一下——原來她跟我的一個很熟的朋友，現在不在了，叫作張守廉，是親戚。我在西南聯大的時候，我們有三個人是同班的研究生，當時同學管我們三個人叫作"三劍客"，一個是黃昆，一個是張守廉。我們都是唸物理的，後來張守廉改行了，改唸電機，他在石溪大學做了很多年教授，比我大幾歲，前年過去的。他跟張愛玲是什麼關係呢？張守廉的曾祖父是張愛玲的祖父的侄子，而且我在網上一查呢，還知道原來張愛玲的那支，現在還有人，有一位在河北，也叫張守什麼，因為他跟張守廉是同輩的，在河北一個什麼地方，我還跟他通了一封信。這個所代表的就是在我年輕的時候，那個時候中國唸過書的人數目非常少，跟今天不一樣，今天動不動是幾百萬人大學畢業，那個時候我想一年大學畢業大概只有幾千個人，所以這些人的家族有點關係是不稀奇的事情。

談人生

我覺得得諾貝爾獎對我一生沒有極大的影響

《人物》：你35歲就得了諾貝爾獎，這個榮譽貫穿了你的一生，你怎麼看這個聲名以及它對你的人生的影響？

楊：我覺得得諾貝爾獎對我一生沒有極大的影響。因為我對我所做的工作還繼續發生興趣，這個與得不得獎沒有關係，而且做到後來，還有一些成績，這些都與得不得獎是沒有關係的。

我一般的生活當然是受到一些影響，比如說我一生中非常重要的一件事情就是1971年第一次到新中國來參觀探親訪問。我那次來，周總理還請我吃飯，有個很長的談話。假如你問我，這個與我得諾貝爾獎有沒有關係呢？我想可能是有一點關係的。所以從這裏講起來呢，對於我後來的人生當然是有影響的。不過，我自己覺得對於我做學問，對於我做人的態度，沒什麼影響。

《人物》：當時具體的情境是怎樣的，第一時刻得到這個消息時？

楊：是這樣，我得諾貝爾獎是1957年的秋天，諾貝爾獎委員會打電報給我，可是事實上我已經知道了。為什麼呢？因為就在那一年的年初，吳健雄的實驗成功了，她證實了宇宙不守恆的，有點不守恆。那是一個震驚整個物理學界的大消息，所以那個一來呢，包括李政道跟我自己，還有吳健雄，還有基本上所有的物理學家，都覺得這遲早要得諾貝爾獎。

所以那個以後呢，對於要得諾貝爾獎的可能，已經不是很奇怪的事情了。然後就在接到評選委員會電報的前幾天，忽然有個瑞典的新聞記者打電話來，他要來我家裏照相，然後他說，因為我們知道你要得獎，所以我們要先預備好照片、報告之類的。所以我預先就知道要得獎。

這個事情後來呢，諾貝爾獎委員會改了他們的辦法，不預先通知這些新聞記者，我不知道是哪年，反正可能60年代開始就變成現在這個樣子了。

《人物》：你覺得自己最大的優點和缺點分別是什麼？

楊：把它說成優點，這個也許……不要用"優點"這個名詞。我想我有一個特點是我自己喜歡的，就是我處人處事都比較簡單，不複雜，就是沒有很多心思。我喜歡這樣的人，所以我就儘量做這樣子的人。所以你要問我，也可以說這是我一個基本處人處世的原則吧。

（擡頭認真想了一會兒）有什麼缺點，我倒想不出來（笑）。我想我不夠……有許多事情不夠堅持，不過我想所有的人都有這個問題。比如說我小時候不會寫日記，寫了一個禮拜、兩個禮拜，後來就無疾而終了。這種筆記本呢，有一些現在還有，所以現在我再去看看，有點後悔當初沒有繼續寫下去。尤其是我看了一些別的朋友他們現在寫一些回憶錄，他們所以現在能夠寫那麼詳細的回憶錄，就是因為他們有日記。所以你要問我呢，我想我沒能堅持這一點，是一個缺點。

《人物》：你多次說過你的一生都很幸運，現在回過頭來看，有過比較大的挫折嗎？

楊：我一生最覺得，說挫折也好，很煩惱、很不高興的經歷，我想是在1947年。那個時候我在芝加哥大學做研究生，我當時在芝加哥大學是很有名的研究生，因為我在中國學到的實在是非常扎實的，所以到那裏以後呢，整個物理系的老師跟同學很快就知道我物理懂得非常多。可是呢，我做研究工作不成功，第一是我本來想寫一個實驗的論文，所以就到阿里森教授的實驗室，可是我不會動手，所以在裏頭做得很不成功。泰勒跟我建議了一些問題，我做了一些，後來他跟我都認識到我跟他的興趣方向不一樣，所以我們還是維持好的關係，討論一些物理，可是我不能真正地從他那兒找著好的題目。所以那個時候我是非常不高興的。那個時候我怎麼解決呢？我就自己去找題目。我後來想了想，可以說那一年找了四個題目，每個題目別人都不做，我就自己在那兒搞，可是三個題目都沒搞出來結果，所以很不高興。只有一個後來我想出來了可以發展的方向，就寫了一篇短的文章，那篇文章後來就變成我的博士論文。

這個經歷在我的腦子裏還記得很清楚。可是這裏頭一個很重要的事情是，另外那三個，雖然當時都以失敗告終，可是所花的時間絕對不是浪費，因為過了一些時候，我又回到這些題目裏，三個後來都有了發展。為什麼會有這現象呢？就是因為那一年對那三個問題的了解深入了，後來因為有別的東西發展或者是自己偶然又想出來一個新的方法，就能夠推進了。假如沒有那一年不成功的努力，後來就跟這些問題沒關係了。所以我一直在跟同學講，你得對一個東西發生興趣，發生興趣以後你得去鑽研，不成功不一定就覺得這就吃虧了。這個不成功永遠是你將來可以在上面有新的進步的基礎，這是我的經驗。

《人物》：如果從你打過交道的以及古往今來歷史上所有的人物當中，選出對你人生最重要或者有特別影響的幾個人的話，會選哪幾位？

楊：我想對我影響最大的一個人當然是我父親，他是數學教授，他並沒有教過我很多數學，不過，他所創造出來的我們的家庭環境，我們兄弟姊妹幾個人跟父母之間的關係，我們彼此之間的關係，我想是受到我父親處人處世態度的影響所形成的。

我覺得這對於我有深遠的影響，就是我講話的態度，做人做事的態度，包括我對研究工作的興趣跟努力，這些都與家庭環境有密

切的關係。後來，我1971年第一次回國 —— 這是我一生中很重要
的事情，所以會有這件事情，當然與我跟我家庭的關係有密切的關
聯。因為事實上我到美國去以後，後來朝鮮戰爭發生了，中國跟美
國就變成了兩個世界，彼此之間沒有交往，可是在那個期間，我還
安排了跟我父親，跟我母親，還有弟弟妹妹他們在日內瓦見過三
次，在香港見過兩次。所以這些都是與我們的家庭整個的關係非常
密切的，而這也影響了我後來人生的軌跡。

最近我在美國的弟弟妹妹他們聚在一起，後來我二弟的太太，
在一個電影上就講，說楊家是特別親密的一個家庭。我想這話是對
的。所以你剛才問我，對我一生影響最大的一個人是誰，我想是我
父親。

我佩服的人，和我從他那兒學到最多的，這是兩種不同的觀
念。比如說我非常佩服毛澤東，他是了不起的天才，而且是多種天
才。可是他的一生跟我的經歷完全不一樣，我沒有從他那兒學到什
麼東西。我非常佩服鄧小平，我有沒有從鄧小平那兒學到什麼東西
呢？我想不能這樣講法。鄧小平是非常務實的一個人，我覺得我也
是很務實的一個人，這個倒不是我從鄧小平那兒學來的，可是我覺
得他之所以成功，他是非常務實的，所以他自己講我們現在是摸著
石頭過河。他所講的這些話，白貓、黑貓，這些都是。我並不是從
他那裏學到對於實際的這種態度，不過我很欣賞他這些。

關於放棄美國國籍[*]

　　我是1964年3月23日加入美國國籍的，當時做這個決定曾考慮了很久，是一個很痛苦的決定。1983年在一本書裏我曾經說我父親到臨終時都沒原諒我放棄中國國籍。

　　2015年4月1日我放棄了美國國籍，這也不是一個簡單的決定。美國是一個美麗的國家，是一個給了我做科學研究非常好的機會的國家。我感激美國。而且，我知道很多美國朋友不會贊同我放棄美國國籍。我一直記得我與摯友熊秉明曾經的對話。他說："你的父親雖已過去，你的身體裏還循環著他的血液。"我說："是的，我的身體裏循環著的是父親的血液，是中華文化的血液。"

　　今天，我94歲了，很欣慰，多年來，為了幫助建造中國與美國之間的友誼橋樑曾做過一些努力。我曾經說："沒有這座橋樑，世界不可能有真正的和平與安定。"

----

[*] 本文是楊振寧2017年2月21日應訊問發給記者的文件。

楊振寧先生的"精"與"傻" *

翁帆

今年3月2日晚,鳳凰衛視《鏘鏘三人行》就楊振寧先生放棄美籍一事進行討論。三位主持人有許多客觀的正面看法,可是其中說到有人認為楊先生為人很"精",這與我所認識的楊先生的為人處事的態度卻是完全相反的。下面我舉幾個例子:

1. 楊先生於1971年夏天回新中國探親訪問。回美國後在許多地方,包括許多大學和好幾個中國城,做了介紹新中國的演講,介紹"中國的翻天覆地的變化",引起轟動。他的舉動也讓美國中央情報局多次找他"談話"。

2. 20世紀70年代後期楊先生出任全美華人協會會長,向美國社會介紹新中國,強調中美建交的必要性,遭到國民黨駐美國機構的辱罵。他當時這樣做,是承擔著一定的政治風險的。

---

* 本文原載《中華讀書報》2017年4月19日。

3. 1978年中央領導向楊先生徵求關於建造高能加速器的意見，楊先生知道，當時這個項目已經被作為國家戰略發展計劃之一，有關方面非常期待他表態支持。但是他認為，中國在"文革"結束、百廢待興之時可做的事情很多，大加速器項目不是當務之急。於是他不附和任何人的意見，而是堅持自己的想法，堅決反對這個項目上馬。

4. 2016年多名外國諾貝爾獎得主建議中國造超大型對撞機，楊先生於9月初在網上發表一文《中國今天不宜建造超大對撞機》，又引起許多同行的不滿。他知道寫這樣的文章會得罪人，但是他必須說真話。

楊先生做人做事總是客觀秉承著對與不對的原則，個人的利益從來沒有在他的思考範圍內，也從來沒有"事不關己，高高掛起"的明哲保身態度。我看到的楊先生不是很"精"，而是非常地"傻"。

楊振寧小傳[*]

李炳安　　鄧越凡

　　楊家原籍安徽省鳳陽府。楊振寧的曾祖父楊家駒（字越千）曾任安徽省太湖縣的都司。1877年任滿回原籍，途經合肥，為朋友挽留定居於此。楊振寧的父親楊克純（字武之）是他祖父楊邦盛（字慕唐）的長子。楊武之是美國芝加哥大學的數學博士，回國後曾任清華大學與西南聯合大學數學系主任多年。

　　楊振寧出生在合肥縣（今合肥市）縣城西大街四古巷。1933–1937年在北京崇德中學上學，1937年秋進入合肥省立第六中學。1938年初他們一家到了昆明，楊振寧進入昆華中學高中二年級學習。1938–1942年就學於西南聯合大學。

[*] 本文作者在寫這篇文章時得到很多人的幫助。感謝楊振寧教授給予多方面的協助，感謝托爾教授、馬伯格教授、葛墨林教授、閻沐霖教授、忻雲龍教授的幫助。本文原載《中國現代科學家傳記》第三集，科學出版社，1992年。

　　西南聯合大學教授陣容十分強大。教楊振寧大一國文的有朱自清、聞一多、羅常培和王力等。楊振寧跟趙忠堯學習大一物理，跟吳有訓學習大二電磁學，跟周培源學習大二力學。他的學士論文的導師是吳大猷。吳大猷先生給了他一篇羅森塔爾（J. E. Rosenthal）和墨菲（G. M. Murphy）於1936年寫的關於群論和分子光譜的總結性文章。楊振寧的父親楊武之在芝加哥大學的博士論文導師是代數專家狄克遜，楊武之讓楊振寧從狄克遜寫的《現代代數理論》中學習群表示理論。楊振寧發現書中僅用二十幾頁就將群表示理論講得清清楚楚，極合他的口味。實際上，當他還是一個高中學生的時候，就從他父親那裏學到一些群論的基本原理，他曾被放在父親書架上的斯派塞的《有限群論》（*Die Theorie der Gruppen von endlicher Ordnung*, 1923）中的美麗圖形強烈地吸引住。他的家庭使他很早就受群論的熏陶。他寫學士論文的經歷，又使他對群論與對稱性在物理中的應用有了深刻的印象。

　　楊振寧於1942年畢業於西南聯合大學，進入清華大學研究院學習兩年。他的碩士論文導師是王竹溪。在楊振寧進入清華大學研究院之前，曾聽了王竹溪一系列關於相變的演講，了解到相變是很重要的問題。在王竹溪指導下，他完成了題為《超晶格統計理論中準化學方法的推廣》的統計力學文章，這篇文章與其他一些工作合起來成為他的碩士論文。在研究院這兩年間，他也從馬仕俊那裏學習到很多場論知識。

　　吳大猷和王竹溪引導楊振寧走的兩個方向是對稱原理和統計力學。楊振寧始終強調它們是他一生中主要的研究方向。

1944年夏，楊振寧考取了留美公費生，按照考試委員會所選定的專業，他報考了高電壓專業。按照考試委員會"凡錄取各生應在原機關服務留待後信"的規定，楊振寧從1944年秋到1945年夏，在西南聯合大學附屬中學教了一年高中數學。他一面教書一面學習和研究場論，徹底地學習了泡利所寫的關於場論的總結文章。

楊振寧在昆明的七年，打下了堅實的基礎，也基本上決定了他今後研究的主體方向。愛因斯坦、狄拉克、費米當時已經是他最崇敬的三位物理學家。1945年11月下旬他到達美國，原希望師從費米，但費米已離開了哥倫比亞大學，去處不明，使他甚為失望。幾經周折，最後才在張文裕教授那裏打聽到費米即將去芝加哥大學的消息。

1946年初，楊振寧到芝加哥大學註冊成為研究生。開學不久，他向費米提出，希望在他的指導下寫一篇實驗論文。但費米的實驗室當時在阿貢，楊振寧是外國人，不能進入阿貢實驗室。後來，費米介紹楊振寧到艾里遜（S. K. Allison）的實驗室去工作。當時這個實驗室正在造一臺40萬電子伏的加速器。楊振寧和另外五六個同學花了大約20個月的時間，幫助艾里遜造成了加速器。可是，他用此加速器所做的實驗卻不成功。楊振寧接受了泰勒的建議，放棄實驗，而把他當時已差不多寫好了的一篇理論文章作為博士論文。

泰勒對群論在物理中的應用有很直觀的見解。楊振寧從他那裏學到不少東西，楊振寧的題為《核反應與關聯測量中的角分佈》的博士論文就是結合了物理見解與群論方法的一項工作。

在芝加哥期間，楊振寧一方面從事粒子物理的研究，一方面繼續發展他對統計力學的興趣。他花了很大力氣讀昂薩格在1944年所寫的關於二維 Ising 模型的文章，為了理解順磁化的機制，他還研究了布洛赫關於自旋波的文章及貝特1931年和赫爾談1938年的文章。這一段努力，雖然沒有立刻得出成果，卻為他後來的工作打下基礎。

　　費米和泰勒，特別是費米的研究風格，楊振寧認為是從物理現象出發，不是白原理出發。楊振寧稱這種方法為歸納法，對他有很大的影響。他說他在中國學到了推演法，在芝加哥大學學習了歸納法，先後得到了中西教育精神的好處。

　　楊振寧在芝加哥大學活躍的學術氣氛中，接觸到最有發展前途的一些研究方向。那時正值粒子物理開始新的蓬勃發展。他與同輩的工作者和這門學科一同成長。在為他60歲生日而做的一篇演講《讀書教學四十年》[1] 中，他說："（我們）很幸運。"

　　1949年春，楊振寧申請到普林斯頓高等學術研究院去做博士後研究，因泡利和朝永振一郎要到那裏，那裏還有一批在重整化領域中很活躍的年輕的理論工作者。當這個院的院長奧本海默接受了楊振寧的申請之後，費米勸告他在那裏不要超過一年，因為那裏的物理太抽象了。實際上，費米、艾里遜和泰勒已得到芝加哥大學的同意，在1950年再將楊振寧聘請回來。

　　1950年春，奧本海默給了楊振寧在高等學術研究院繼續工作五年的機會。當時楊振寧有幾種選擇，但最重要的是要決定是否回芝加哥大學，他完全記得費米的告誡：不要在這個研究院待太久。可

---

[1] 楊振寧：《讀書教學四十年》，香港三聯書店，1985年。

是他的女朋友杜致禮那時正在紐約讀書，離普林斯頓只有一小時的火車路程。所以，他最後決定留在普林斯頓。杜致禮是杜聿明將軍的女兒，是楊振寧在昆明西南聯合大學附屬中學教書時的學生。他們於1950年8月26日結婚，生有兩個兒子和一個女兒。長子楊光諾生於1951年，次子楊光宇生於1958年，女兒楊又禮生於1961年。

1952年12月中旬，楊振寧收到美國布魯克海文國家實驗室Cosmotron加速器的部主任柯林斯（G. B. Collins）的信，邀請他訪問布魯克海文一年。Cosmotron是當時世界上最大的（3吉電子伏）質子加速器，可以產生 π 介子和奇異粒子，許多實驗組都在那裏工作，做出許多有趣的結果。為此，楊振寧決定接受這一邀請，於1953–1954年在布魯克海文國家實驗室工作了一年。1954年回到普林斯頓，1955年晉升為教授。

楊振寧在普林斯頓自1949年到1966年前後17年，他自己說這是他一生中研究工作做得最好的時期。1965年春，奧本海默告訴楊振寧，他準備從普林斯頓高等學術研究院院長的職位上退休，他想向董事會推薦楊振寧做他的繼任人。楊振寧告訴奧本海默，自己不想成為這個院的院長。奧本海默讓楊振寧想一想再決定。經過考慮，楊振寧在一封給奧本海默的信中說："我不能肯定我會成為一個好院長，但我肯定不欣賞一個院長的生活。"儘管如此，命運還是給楊振寧做了一個新的安排。在1964–1965年間，紐約州政府在紐約州內的大學中設置了五個愛因斯坦講座教授的職位。紐約州立大學石溪分校的校長托爾（J. S. Toll）和物理系主任邦德（T. A. Pond）與楊振寧接觸，希望他接受該校的愛因斯坦講座教授的職位。托爾和邦德並希望在石溪分校建立一個理論物理研究所，由楊振寧當所長。這是一個很小的研究所，管理起來很容易，考慮以後，楊振寧接受了石溪的邀請，於1966年到職。

1991年，本文作者寫信給托爾，托爾在1991年2月22日的回信中說："楊振寧到石溪分校是該校發展中最大的一件事。""該校自楊振寧到校後，一躍而成為美國注重研究的大學之前茅。他對全校的研究空氣、對物理系數學系的教師陣容、對理論物理研究所的研究方向、對學校與社會的關係，都產生了巨大的影響。"石溪分校的現任校長馬伯格（J. H. Marburger）在1991年4月1日給本文作者的回信中說："楊教授來到石溪，是石溪在發展成為一個優秀的研究學術機構過程中的突破，使石溪成為美國一個優秀的科學中心。"

1971年夏天，楊振寧訪問了新中國，他是知名華人學者訪問新中國之第一人，對中美文化交流和中美人民之相互了解，起了極大作用，深得毛澤東主席和周恩來總理的讚譽。

楊振寧於1983年回憶1971年的感受與感想時說："（那時）我想我對於中國和美國都有一些認識，而且都有濃厚的感情，在這兩個大國初步接近的形勢下，我認識到我有一個做橋樑的責任，我應該幫助建立兩國之間的了解和友誼。"[2]

確實，楊振寧從1971年以來在這些方面做了大量工作，他於1977年出任全美華人協會首任會長，為促進中美建交（1979年）做

---

[2] 楊振寧：《讀書教學四十年》。

了許多工作。1981年他在石溪分校設立了CEEC獎金，自美國和中國香港捐資支持中國各大學、各研究所人員到石溪做訪問學者，迄今已有80餘人得到此項支持，其中絕大部分已回國到原單位服務。

1983年楊振寧在香港創立中山大學高等學術研究中心基金會，自任基金會主席。8年以來基金會捐助中山大學1000多萬港幣，支持了中山大學近百項研究項目，並為中山大學建成一座研究大樓。

自1986年起，楊振寧接受陳省身教授邀請，在南開大學數學研究所內組織了理論物理研究室。數年來該室在國際數學物理學界已頗有聲譽。

楊振寧於1957年獲得諾貝爾獎，1980年獲得拉姆福德（Rumford）獎，1986年獲得美國國家科學獎章。他有多項榮譽學位，也是中國許多大學的名譽教授。

三個最重要的研究工作

楊振寧對理論物理學的貢獻範圍很廣，包括粒子物理學、統計力學和凝聚態物理學等領域。在理論結構和唯象分析等方面他都取得了重大成就。其中，楊－米爾斯場論、弱作用中宇稱不守恆的發現及楊－巴克斯特方程，是他對物理學和數學的不朽貢獻。

（一）楊－米爾斯場論

1953年楊振寧在訪問布魯克海文期間，和米爾斯一起提出了非阿貝爾規範場的理論[3 4]，即著名的楊—米爾斯場論。這種場與稱為阿貝爾規範場的電磁場不同，是一種有非線性相互作用的場，場強為：

$$F_{\mu\nu}^{\alpha} = \frac{\partial B_{\mu}^{\alpha}}{\partial x_{\nu}} - \frac{\partial B_{\nu}^{\alpha}}{\partial x_{\mu}} + gC_{abc}B_{\mu}^{b}B_{\nu}^{c} \qquad (1)$$

拉氏量為：

$$\mathcal{L} = -\frac{1}{4}F_{\mu\nu}^{\alpha}F_{\mu\nu}^{\alpha} \qquad (2)$$

這種場與其他粒子的相互作用，也由規範不變性原理確定了。當楊振寧還在芝加哥讀研究生時，就已經對電荷守恆理論與在相因子變換下拉氏量的不變性的關係感興趣。當時，實驗上已發現許多粒子，這些粒子之間的相互作用十分複雜。他認為需要有一個原理將它們之間的相互作用確立下來。那時，他就想把相因子變換下的不變性推廣到同位旋守恆的情形中去。他嘗試過許多次，都在建立方程（1）時遇到困難。1953–1954年當楊振寧訪問布魯克海文時，他又一次回到這個問題上。當時米爾斯與楊振寧共用一個辦公室。那時米爾斯是哥倫比亞大學克勞爾（N. Kroll）教授的博士研究生，即將完成他的博士論文。楊振寧邀他一同研究這個問題。他們於1954年2月初步完成對此問題的研究。文章於6月底寫好，10月初在《物理評論》（*Physical Review*）上發表。

---

[3] C. N. Yang and R. Mills, Isotopic spin conservation and a generalized gauge invariance, *Phys. Rev.*, 95 (1954), 2, p. 631.

[4] C. N. Yang and R. Mills, Conservation of isotopic spin and isotopic gauge invariance, *Phys. Rev.*, 96 (1954), 1, pp. 191–195.

　　這篇文章引進了非阿貝爾規範不變性及與其相關的規範場論，是劃時代的工作，為整個粒子物理學奠定了以後發展的最基本的原理與方程。自然界中存在四種基本相互作用：強作用、電磁作用、弱作用和引力。現在知道，傳遞這些作用的都是楊－米爾斯場。

　　縱觀300年來物理學的整體發展，我們才可以了解楊－米爾斯場論在歷史上的地位。自伽利略與牛頓以來，物理學發展的精神是將物理世界的萬千現象歸納為一些定律，最後濃縮這些定律為準確的基本方程。所以這些方程是物理學中精華的精華。本文作者之一曾指出300年來共有9組這種基本方程[5]：（1）牛頓的運動與引力方程；（2）熱力學第一與第二定律；（3）麥克斯韋方程組；（4）統計力學的基本方程；（5）狹義相對論方程；（6）廣義相對論方程；（7）量子力學方程；（8）狄拉克方程；（9）楊－米爾斯方程。

　　楊－米爾斯場論在數學上也造成很大的衝擊。數學家用楊－米爾斯場作為工具去揭示微分流形的性質。對四維微分流形，楊－米爾斯場方程有一類特解，稱為瞬子解，瞬子解形成了一個參數空間。近年來唐納森在阿蒂亞、陶布思（C. H. Taubes）和烏倫拜克（K. Uhlenbeck）工作的基礎上，通過這個參數空間去研究四維微分流形的拓撲結構，得到了唐納森定理，這個定理與原有的費雷德曼定理相結合產生了四維歐氏空間上存在奇異微分結構的重大發現。為此唐納森獲得了1986年的菲爾茲獎。

---

[5] 李炳安：《物理學的精髓——九組方程式》，《自然雜誌》1990年13卷10期，第666頁。

（二）弱作用中宇稱不守恆的發現

在50年代中期，粒子物理研究十分活躍，主要的研究方向是了解許多新發現的粒子的性質：它們的電荷、自旋、質量、衰變等。在這些研究中出現了所謂 θ—τ 之謎。$\theta \rightarrow \pi\pi$ 與 $\tau \rightarrow \pi\pi\pi$ 最初以為是兩種粒子，因為最簡單的想法是給予它們不同的宇稱。後來發現這種簡單想法確實與許多實驗數據相符合，所以 θ 與 τ 應該是不同的粒子。可是同時，另外又有許多實驗數據指出二者應當是同一種粒子，這就產生了 θ—τ 之謎。在1953–1956年間，這個問題漸漸地被認為是粒子理論中的關鍵問題。

楊振寧和李政道當時對這個問題十分注意，在1955年底到1956年初，他們探索了許多解 θ—τ 之謎的道路，都沒有成功。其中一條道路是提議宇稱不守恆。在1956年4月3日到6日的羅徹斯特會議上，楊振寧在回答費曼的問題時說，他和李政道曾研究過此道路，但未得具體結果。

未得具體結果的原因，現在看來是當時他們以及所有的物理學家都沒想到關鍵的一點：**宇稱不守恆只在弱相互作用中發生**。不但沒有想到這一點，而且還有誤解，以為過去的 β 衰變實驗中的宇稱選擇定則已證明了宇稱守恆，所以 θ—τ 之謎沒有解答。

1956年4月底5月初的一天，楊振寧和李政道在紐約一家中國餐館吃午飯時忽然想到了這關鍵的一點。以後兩三個星期中他們通過許多計算證明過去的 β 衰變實驗中的宇稱選擇定則原來都不夠複雜，**都不能證明在 β 衰變中宇稱守恆**。為檢驗他們的想法，他們提出了幾類新實驗。

他們的分析於1956年6月寫成預印本，後發表於《物理評論》[6]。這篇文章未被當時的物理界所贊同。泡利在寫給韋斯科夫的一封著名的信中說："我不相信上帝是一個弱的左撇子……"對於實驗物理學家來說，由於他們所建議的實驗都不簡單，而大家又不相信他們的解決 θ—τ 之謎的方向是對的，所以很少有人動手去做他們提出的那些實驗。

哥倫比亞大學的吳健雄是 β 衰變實驗研究的名家，她獨具慧眼，決定與國家標準局的四位低溫物理學家合作，去做楊振寧、李政道建議的實驗之一。半年之後，於1957年初，吳健雄公佈了他們的實驗結果：在 β 衰變中宇稱**確實**不守恆。這項結果引起了全物理學界的震驚。因為它關係到一個普遍的結論：弱相互作用有許多種，β 衰變只是其中一種，既然在 β 衰變中宇稱不守恆，那麼宇稱在其他弱作用過程中也不守恆。各個實驗室都競相做其他的弱相互作用的實驗。兩三年以後證實，基本上在所有的弱相互作用中宇稱都不守恆。

這一項成就為楊振寧、李政道二人贏得了1957年諾貝爾物理獎，也直接或間接促進了以後十年間基本粒子學界對對稱性的多方注意。

---

[6] T. D. Lee and C. N. Yang, Question of parity conservation in weak interaction, *Phys. Rev.*, 104 (1956), 1, pp. 254–258.

（三）楊－巴克斯特方程

1967年11月與12月，楊振寧寫了兩篇文章[7][8]，討論下面一個極簡單的一維空間量子多體問題：

$$H=\sum_i P_i^2+2c\sum_{i>j}\delta\,(\,x_i-x_j\,)\qquad\qquad（3）$$

他發現，這個問題可以完全解決，其中一個極重要的方程是：

$$A(u)B(u+v)A(v)=B(v)A(u+v)B(u)\qquad\qquad（4）$$

在這個方程中，$A(u)$ 與 $B(v)$ 是兩個矩陣，u 與 v 是兩個變數。自方程（3），他很自然地得到了 $A(u)$ 與 $B(v)$，證明它們符合方程（4）；反過來，用方程（4）證明原來的多體問題可以完全解決。1972年巴克斯特在一個二維空間經典統計力學問題中也發現了方程（4）的重要性。1981年此方程被命名為楊－巴克斯特方程。近五六年來，人們發現楊－巴克斯特方程在物理和數學中有極廣泛的意義，它是置換群結構的一類推廣。

就目前所知，楊－巴克斯特方程與下列物理數學領域有密切關係。

---

[7] C. N. Yang, Some exact results for the many-body problem in one dimension with repulsive delta-function interaction, *Phys. Rev. Lett.*, 19 (1967), 23, pp. 1312–1315.

[8] C. N. Yang, S matrix for the one-dimensional N-body problem with repulsive or attractive delta function interaction, *Phys. Rev.*, 168 (1968), 5, pp. 1920–1923.

物理: 一維量子力學問題
    二維經典統計力學問題
    共形場論
數學: 結理論和辮子理論
    算子理論
    霍普夫代數
    量子群
    三維流形的拓撲

1990年8月在日本京都的國際數學大會上，四位菲爾茲獎的獲得者中，有三位的工作都與楊－巴克斯特方程有關。一般相信，此方程是一個**基本數學結構**，將會在物理與數學方面有更廣泛的應用。

其他研究工作

楊振寧幾十年來工作深而廣，發表了200多篇論文，除上述3個極重要的工作以外，他還做了多項重要的工作，下面簡單介紹其中幾項。選擇這些項目基於如下考慮： (a)長久的重要性， (b)當時的重要性， (c)美妙的觀念或方法，與楊振寧自己對它們的偏愛， (d)特別能顯示出他的風格。

（一）粒子物理學

1. 弱作用的強度

1949年楊振寧、李政道和羅森布魯思（M. Rosenbluth）寫了一篇關於各種弱相互作用的強度的文章[9]，此文和其他人的一些差不多同時發表的文章奠定了四種相互作用的分類，沿用至今。

2. 費米—楊模型

在1947年，π介子、μ介子相繼發現，當時大家普遍相信它們都是基本粒子，費米和楊振寧寫了文章《介子是基本粒子嗎？》[10]。在文中他們提出π介子可能是核子和反核子的束縛態。這個工作後來被稱為費米—楊模型。這篇文章是研究強子結構的先驅。

3. G宇稱

1955年秋，伯克利實驗室發現了反質子。根據這一發現，楊振寧和李政道將電荷共軛對稱和同位旋對稱合起來，提出了G宇稱的概念[11]，並確立π介子的G宇稱是 -1，從而簡明地證明了強作用中一些選擇定則。G宇稱是粒子物理基本量子數之一。

4. 電荷共軛與時間反演不守恆

1956年8月楊振寧收到了芝加哥大學歐米（R. Oehme）的信，此信是歐米看了楊振寧和李政道關於宇稱不守恆的預印本後寫的。

---

[9] T. D. Lee, M. Rosenbluth and C. N. Yang, Interaction of mesons with nucleons and light particle, *Phys. Rev.*, 75 (1949), 5, p. 905.

[10] E. Fermi and C. N. Yang, Are mesons elementary particles?, *Phys. Rev.*, 76 (1949), 12, pp. 1739–1743.

[11] T. D. Lee and C. N. Yang, Charge conjugation, a new quantum number G and selection rules concerning a nucleon-antinucleon system, *Il Nuovo Cimento*, 10 (1956), 3, pp. 749–753.

此信導致了他們三人於1956年底所寫的一篇文章[12]，文章中將宇稱不守恆的考慮推廣到電荷共軛不守恆與時間反演不守恆。這篇文章奠定了以後討論 β 衰變中三種不守恆現象的基礎。也與後來1964年CP不守恆的分析有密切關係（見下面8）。

5. 二分量中微子理論

宇稱不守恆的發現導致楊振寧和李政道建議用外爾的二分量理論描述中微子[13]。差不多同時，薩拉姆和朗道（L. Landau）也分別寫了文章，提出了類似的建議。在後面還將比較這三篇文章，以顯示出楊振寧、李政道工作與薩拉姆、朗道工作的不同風格。

6. 高能中微子實驗分析

1959年秋，李政道和楊振寧對如何能得到更多的關於弱作用的數據發生興趣。受了李政道的影響，哥倫比亞大學的施瓦茲（M. Schwartz）提出了做中微子束流實驗的想法。這是一個重要的提議，引導出後來的許多中微子實驗。關於中微子實驗的第一篇理論分析就是李政道與楊振寧1960年的一篇文章[14]。

7. 中間玻色子的研究

早在30年代，湯川秀樹（H. Yukawa）就曾經討論過中間玻色子傳遞 β 衰變的可能性，上面所提到的1949年楊振寧、李政道和羅森

---

[12] T. D. Lee, Reinhard Oehme and C. N. Yang, Remarks on possible noninvariance under time reversal and charge conjugation, *Phys. Rev.*, 106 (1957), 2, pp. 340–345.

[13] T. D. Lee and C. N. Yang, Parity nonconservation and a two-component theory of the neutrino, *Phys. Rev.*, 105 (1957), 5, pp. 1671–1675.

[14] T. D. Lee and C. N. Yang, Theoretical discussion on possible high-energy neutrino experiments, *Phys. Rev. Lett.*, 4 (1960), 6, pp. 307–331.

布魯思的文章也討論了這一可能性（今天我們知道，傳遞弱相互作用的確是中間玻色子，即 W$^\pm$ 與 Z，而它們都是規範場）。1957年夏天，繼宇稱不守恆的發現，β 衰變成了熱門題目。在1957年4月15日到19日的羅徹斯特會議上，在蒂歐姆諾（J. Tiomno）演講後，楊振寧說："如果 β 衰變相互作用是矢量相互作用而不是標量相互作用，人們應問一個問題，這是否與一些矢量場有關。而這些矢量場產生於定域守恆定律的概念。"他在這裏所說的定域守恆定律概念就是1954年他和米爾斯所引進的概念。在粒子物理領域中，這是第一次把規範場和弱作用玻色子聯繫在一起。

在上面6所提到的關於高能中微子實驗的理論文章裏，楊振寧、李政道也討論了中間玻色子，他們把它取名為 W。之後的兩年裏，他們對中間玻色子的性質做了許多唯象的與結構性的工作。

8. CP 不守恆的唯象分析

1964年 CP 不守恆現象在實驗中發現以後，從理論角度探討這一現象的文章多得不得了，眾說紛紜，見仁見智，說得神乎其神。楊振寧和吳大峻不理會那些玄而又玄的幻想，做了腳踏實地的唯象分析。他們自上面4中所說的文章開始，利用 CP 不守恆是極弱的現象，把 K$^\circ$–$\overline{\text{K}}^\circ$ 衰變中不同數量級的、可以測量的參數和它們之間的關係整理清楚[15]。這篇文章引進的概念與參數（如 K_L, K_S, η_{+-}, η_{00}, A_2/A_0 等）都是後來關於這一問題的實驗與理論研究的基礎。

---

[15] Tai Tsun Wu and C. N. Yang, Phenomenological analysis of violation of CP invariance in decay of K$^\circ$ and $\overline{\text{K}}^\circ$, *Phys. Rev. Lett.*, 13 (1964), 12, pp. 380–385.

9. 規範場的積分形式與纖維叢

1974年楊振寧寫的一篇文章[16] 與1975年楊振寧和吳大峻寫的一篇文章[17]，澄清了量子力學中電磁場的基本意義，澄清了阿哈羅諾夫－博姆實驗的拓撲意義，從而澄清了規範場與微分幾何中纖維叢的關係。1975年的文章中有一個"字典"，列出了規範場語言和纖維叢語言的關係。這個"字典"引導出數學家對規範場的興趣。上面所提到的瞬子解及後來唐納森的工作都與此發展有直接關係。

纖維叢的概念與拓撲學有密切關係，所以近年來場論的發展中拓撲概念佔了很重要的位置。

10. 幾何模型

自1967年以來，楊振寧和鄒祖德、閻愛德發展了高能碰撞中的幾何模型。這是一個唯象的理論，與角動量守恆有密切關係。20多年來這是一個很成功的模型，引導出許多現在普遍採用的概念，如：裂片、極限裂片、對 KNO Scaling 的解釋、對彈性散射的分析等。

（二）統計力學

1. 自發磁化強度和臨界指數

1949年11月初，在一次討論中楊振寧得知考夫曼已將昂薩格的二維 Ising 模型的嚴格解簡化了。楊振寧對考夫曼用的數學很熟悉，

---

[16] C. N. Yang, Integral formalism for gauge fields, *Phys. Rev. Lett.*, 33 (1974), 7, pp. 445–447.

[17] T. T. Wu and C. N. Yang, Concept of nonintegrable phase factors and global formulation of gauge fields, *Phys. Rev. D*, 12 (1975), 12, pp. 3845–3857.

所以終於徹底了解了昂薩格的解。1951年1月，楊振寧認識到考夫曼的方法可以用來計算自發磁化強度，但計算步驟很複雜，他做了他一生中最長的計算[18]，經過6個月的努力，最後得到很簡單的自發磁化的表達式，發表了一篇很有名的文章[19]。1952年楊振寧在訪問西雅圖時建議張承修推廣此文，計算一個長方模型中的自發磁化。張承修完成了此工作，發現長方模型與正方模型的臨界指數都是1/8，所以在張承修的文章[20]中猜測臨界指數有普遍性，可謂開了此重要想法的先河。

那時二維 Ising 模型的理論結果不能由實驗證實。80年代以來，由於技術的進步，情況有了改變。1984年陳鴻渭（M. H. W. Chan）做了很漂亮的實驗[21]，證明臨界指數確是1/8，與理論結果符合。

2. 液態相變的研究與單位圓定理

Ising 模型工作之後，楊振寧利用他得到的結果討論了"晶格氣體"的相變。1951–1952年間，他和李政道寫了兩篇關於相變的文章[22]。

---

[18] C. N. Yang, *Selected Paper 1945–1980 with Commentary*, W. H. Freeman and Company, 1983.

[19] C. N. Yang, The spontaneous magnetization of a two-dimensional Ising model, *Phys. Rev.*, 85 (1952), 5, pp. 808–816.

[20] C. H. Chang, The spontaneous magnetization of a two-dimensional rectangular Ising model, *Phys. Rev.*, 88 (1952), 6, p. 1422.

[21] H. K. Kim and M. H. W. Chan, Experimental determination of a two-dimensional liquid-vapor critical-point exponent, *Phys. Rev. Lett.*,53 (1984), 2, pp. 170–173.

[22] C. N. Yang and T. D. Lee, Statistical theory of equations of state and phase transitions, I. Theory of condensation, *Phys. Rev.*, 87 (1952), 3, pp. 404–409; T. D. Lee and C. N. Yang, II. Lattice gas and Ising model, *Phys. Rev.*, 87 (1952), 3, pp. 410–419.

這兩篇文章澄清了液－氣相變的基本原因，迫使先前認為這種相變是維利爾級數的性質的物理學家放棄他們原先的想法。

這兩篇文章引進了復數揮發度概念，證明了一個很漂亮的"單位圓定理"。此貢獻後來在統計力學和場論裏都有很大影響。

3. 貝特假設的發展

為了研究非對角長程序與"晶格氣體"中的量子影響，楊振寧於60年代初回到他曾經研究過的1931年貝特的工作，這一次他和楊振平重新研究貝特的方法[23]。貝特的和後來別人的文章裏面的方程十分複雜，不容易看出這些方程的解的性質。楊氏兄弟發現，如果把貝特的 $\cot^{-1}\alpha$ 函數用 $\cot^{-1}\alpha = \frac{\pi}{2} - \tan^{-1}\alpha$ 換成 $\tan^{-1}\alpha$，則可以用連續性的性質控制方程的解。這個很簡單的辦法使貝特方法產生了重要突破。

1966年到70年代初，楊振寧、楊振平和前者的博士生塞茲蘭（B. Sutherland）用貝特方法研究了許多統計力學模型，寫了十幾篇文章。其中最有名的一篇是上面所提到的楊－巴克斯特方程的那一篇。其他的好幾篇文章也都有很多新意，影響甚大，是這一門學科研究方向中的經典著作。

---

[23] C. N. Yang and C. P. Yang, One-dimensional chain of anisotropic spin-spin interactions, I. Proof and Bethe's hypothesis for ground state in a finite system, *Phys. Rev.*, 150 (1966), 1, pp. 321–327; II. Properties of the ground state energy per lattice site for an infinite system, *Phys. Rev.*, 150 (1966), 1, pp. 327–339; III. Application, *Phys. Rev.*, 151 (1966), 1, pp. 258–264.

（三）凝聚態物理學

1. 磁通量量子化的解釋

1961年春，楊振寧在斯坦福大學訪問了幾個月，那時費爾班克和第弗爾正在做超導體的磁通量量子化的實驗。這是倫敦和昂薩格分別於1948年和1953年討論過的問題。可是楊振寧和伯厄斯研究此問題後發現，倫敦與昂薩格的直覺想法雖妙，但物理論據是不正確的。楊振寧和伯厄斯指出，正確的解釋要用波函數的單值性和BCS的超導理論。關於楊振寧和伯厄斯的文章[24]的重要性，請參看相關文獻[25]。

2. 非對角長程序（ODLRO）的概念

50年代對量子力學中多體問題和超流氦的興趣使楊振寧領會到玻色—愛因斯坦凝聚的重要性，1961年對超導磁通量量子化的研究也使他深感超導中BCS理論的重要性，可是楊振寧覺得費米子的玻色—愛因斯坦凝聚這一概念過去沒有清楚的分析。1961–1962年他對此做了深入的研究，寫了一篇關於非對角長程序概念的文章[26]。這是一篇既有數學深度又有物理深度的文章，也是楊振寧自覺得意的文章。

---

[24] N. Byers and C. N. Yang, Theoretical considerations concerning quantized magnetic flux in superconducting cylinders, *Phys. Rev. Lett.*, 7 (1961), 2, pp. 46–49.

[25] F. Bloch, Off-diagonal long-range order and persistent currents in a hollow cylinder, *Phys. Rev. A*, 137 (1965), 3, pp. 787–795; Simple interpretation of the Josephson effect, *Phys. Rev. Lett.*, 21 (1968), 17, pp. 1241–1243; Josephson effect in a superconducting ring, *Phys. Rev. B*, 2 (1970), 1, pp. 109–121.

[26] C. N. Yang, Concept of off-diagonal long-range order and the quantum phases of liquid He and of superconductors, *Rev. of Mod. Phys.*, 34 (1962), 4, pp. 694–704.

3. 關於阿哈羅諾夫－博姆實驗的建議

楊振寧對阿哈羅諾夫－博姆實驗的興趣和他對磁通量在超導圈中量子化現象的研究，使他在 ISQM 的會議（1983年）上建議[27] 外村彰（A. Tonomura）用超導圈做阿哈羅諾夫－博姆實驗[28]。此一建議導致了外村彰1986年的極漂亮的實驗，到1991年為止，它是最準確的阿哈羅諾夫－博姆實驗。

（四）物理學史

楊振寧寫了不少關於近代物理學的發展與關於愛因斯坦、薛定諤、外爾等人的工作的科學史文章。他認為對於中國近代物理學先驅們的工作，以往的介紹不夠準確，或失之籠統，或失之幼稚。為此，近年來楊振寧有意識地在這方面做了一些努力，與本文作者合作寫了一篇關於趙忠堯先生的文章，一篇關於王淦昌先生的文章。他認為這一類工作還應該多做。

楊振寧的特徵、個性、為人

楊振寧的工作最引人注意的特徵是眼光深遠，善於做一二十年以後才為別人注意的題目。1954年關於規範場的工作，在20多年以

---

[27] A. Tonomura, Evidence for Aharonov-Bohm effect with magnetic field completely shielded from wave, *Phys. Rev. Lett.*, 56 (1986), 8, pp. 792–795.

[28] C. N. Yang, Gauge fields, electromagnetism and the Bohm-Aharonov effect, *Internatinal symposium on foundation of quantum mechanics, 1983*, Physical Soc. of Japan, 1984, pp. 5–9.

後大家才認識到它的奠基性的價值。1967年的楊－巴克斯特方程，也幾乎20年以後才被大家認識，並且這兩項工作都會在今後幾十年內繼續發生重大影響。選擇做這種工作的秘訣在哪裏？本文作者曾以此就教於楊振寧。他說，第一，不要整天跟著時髦的題目轉，要有自己的想法。第二，要小題目大題目都做。專做大題目的人不容易成功，而且有得精神病的危險。規範場雖然是大題目，可是1967年做的楊－巴克斯特方程卻是小題目。那麼小題目怎麼變大了呢？這就是第三，要找與現象有**直接簡單**關係的題目，或與物理基本結構有直接簡單關係的題目。楊－巴克斯特方程之發現，起源於公式（3）的問題，那是最簡單的、最基本的量子多體問題。研究這種問題，容易得出有基本價值的成果，研究這種問題的方法，容易變成有基本價值的方法。

本文作者問楊振寧，在他的研究經歷中有沒有失敗的地方？他說當然有，最重要的是他在60年代沒有掌握對稱性之自發破缺的重要性。"我那時不喜歡自發破缺，有一套原因，現在看起來是錯的，在我的《選集》[29]一書的第67頁上有關於此點的討論。"

楊振寧喜歡做開創性的工作，喜歡走進新領域。這種取捨是否有缺點？楊振寧說："當然有，不過天性如此，不能勉強。"

1986年6月4日楊振寧在北京和許多研究生談話，講到他認為做物理研究之三要素[30]是三個P：Perception，Persistence，Power，即眼

---

[29] C. N. Yang, *Selected Paper 1945-1980 with Commentary*, W. H. Freeman and Company, 1983.

[30] 楊振寧：《幾位物理學家的故事》，《楊振寧文集》，華東師範大學出版社，2000年，第530頁。

光、堅持與力量（他解釋，三者缺一不可，但以眼光與力量為較重要，有了此二者，堅持是自然的事）。依據這個看法我們衡量楊振寧的工作，發現確實是三者俱備：他的眼光深遠是驚人的，他的堅持能力可以從規範場的工作和1952年自發磁化強度的計算看出，他的力量則在許多工作中顯示出來。1956年的宇稱不守恆工作充分顯示出他分析物理問題的力量；1962年關於非對角長程序的文章，則同時顯示了他研究物理、研究數學的力量。

楊振寧常常向他的學生們講直覺的重要，而且強調直覺是可以經過訓練而加深的。他說，一個人，無論是大學生、研究生、教授，都應當培養自己的直覺、相信自己的直覺。如果發現直覺與現象或原理或新知識衝突，那是最好的深化自己直覺的時候，這時如果能把衝突原因弄清楚，會有更上一層樓的效果。這是不容苟且的事情，馬馬虎虎、隨隨便便就相信書上的或別人的話的態度是要不得的。

古人說"文如其人"，用在楊振寧身上很恰當：認識楊振寧的人都知道他待人以誠，從不投機取巧、仗勢欺人或嘩眾取寵。看他的文章也有同樣的感受。他的文章裏沒有花言巧語，沒有故弄玄虛，沒有無的放矢，處處都是真槍實彈地打硬仗。他的文章有的寫得很容易讀，例如關於宇稱不守恆的那一篇，可是在數學用得多的文章中他通常寫得太濃縮，使讀者望而生畏，例如非對角長程序一文就很不容易了解。顯然他在寫後一類文章時把數學推理放到第一位，而把讀者的感受放到末位。

楊振寧喜歡陳師道《後山詩話》中講的"寧拙毋巧，寧樸毋華"，他說這也是他喜歡的做學問的態度。

　　楊振寧的科學論文雖然有時過於濃縮，但從不給讀者倉卒成稿的印象。關於這一點，最好的例子是前面提到過的二分量中微子理論。那時先後有三篇文章發表：薩拉姆的、朗道的、楊振寧與李政道的，三者的主體結果是一樣的，可是楊振寧、李政道的文章旁及其他問題，考慮周詳，尤其重要的是他們討論了細緻平衡，從而指出當時的中微子截面實驗結果是錯誤的。這是其他兩篇文章沒有考慮到的。楊振寧寫論文是很謹慎的，這也許是他在1983年出版的《選集》[31] 的序中引用杜甫的詩句"文章千古事，得失寸心知"的原因吧。

　　楊振寧喜歡幫助別人，他在芝加哥大學做研究生時（1946-1948），就已經是有名的學生—老師。在1985年，他的同班同學斯坦伯格（J. Steinberger）回憶那時的情形，這樣描述："在我們中間最令人印象深的學生—老師是楊振寧，他來自戰時困境中的中國，雖然只有24歲，可是已經熟悉了全部的近代物理。"[32] 米爾斯在一篇關於他和楊振寧1954年怎樣合作的文章[33] 中寫道："（我）與楊振寧在同一個辦公室工作。楊振寧當時已在許多場合中表現出了他對剛開始物理學家生涯的年輕人的慷慨，他告訴我關於推廣規範不變性的思想……"

---

[31] C. N. Yang, *Selected Paper 1945–1980 with Commentary*.

[32] J. Steinberger, in *Pions to quarks*, L. Brown, M. Dresden and L. Hoddeson (eds.), Cambridge, 1989, p. 307.

[33] R. Mills, Gauge field, *Am. J. Phys.*, 56 (1989), 6, pp. 493–507；《規範場》，《自然雜誌》，10（1987），8，第563–577頁。

　　楊振寧的研究生數目不多。他在普林斯頓高等學術研究院時沒有研究生，他後來到了石溪，許多人以為他會收很多研究生，可是他沒有。他說他不是"帝國的建造者"（Empire Builder），而且他"沒有很多好題目給研究生做"。迄今跟他做博士論文的不到10人，其中最有名的是趙午（Alexander W. Chao），楊振寧說他很得意的一件事是1974年趙午得到博士學位前後，他硬迫，或幾乎硬迫趙午改行去研究加速器理論。楊振寧回憶說："趙午能力很強，可是我說粒子理論一行裏粥少僧多，每年每人能做出有意義的結果很少。相反地，加速器原理裏面有很多問題，可是年輕人都不曉得這一行，不知道其中粥多僧少。"趙午改行後極為成功，很快即聞名於世界。

父親與大哥[*]

楊振平

1922年陰曆八月十一日，大哥出生於安徽省合肥縣，父親當時在安慶（懷寧）教中學，大哥的名字就取為振寧，"振"是我們楊家這一代的共有名，是"家、邦、克、振"的最後一個字。

1928年，父親剛從美國留學歸國，任教於靠海的廈門大學數學系。他、母親和六歲的大哥常去海濱散步。很多孩子們都在撿蚌殼。大哥挑的貝殼常常很精緻，但多半是極小的。父親說，他覺得那是振寧的觀察力不同於常人的一個表現。

振寧生來是個"左撇子"。在中國傳統觀念裏，"左"是不吉利的。孩子生來右傾，至少用箸、執筆得換成右手。母親費了一番精力把大哥吃飯、寫字改成右手，可是他打乒乓、彈彈子、扔瓦片，仍舊自然地用左手。因為人的左腦控制右手，而右腦控制左

[*] 本文作者楊振平，是楊振寧教授的二弟，美國約翰‧霍普金斯大學博士，現任美國俄亥俄州立大學物理系教授。本文原載《楊振寧傳》（第五版），復旦大學出版社，1997年。

手，我常常在想，他後來異乎尋常的成就也許和兩邊腦子同時運用有關係。父親常常跟大哥講歷史、科學，並且提到諾貝爾獎金。童年時的振寧曾說他將來要得到此獎。父親當時覺得這是孩子的無知妄語。豈知廿年之後，從前兒時戲言竟成事實。1962年父親在日內瓦跟我提起這事的時候，我還覺得他有一種微妙的命運感。

父親早在1934、1935年就曾經在大哥的相片背面寫了"寧兒似有異稟"。唸書對振寧是很不費勁兒的。他七歲就進了小學三年級。一般孩子覺得唸書是苦事，他則恰恰相反，他生來就有極強的好奇心、敏銳的觀感。所以他對很多東西都有興趣，在運動方面他會溜冰、打冰球、打墻球和騎自行車。

從1929到1937年，父親任教於北平清華大學數學系。我們家就住在清華園教職員宿舍裏。大哥和一群年紀相當的教職員子弟騎車在清華園到處跑。他說他們常常從氣象臺所在的坡頂上騎車衝下來，在一座沒有欄杆而只用兩片木板搭成的小橋上疾馳而過。車行急速，十分過癮。多年以後，上了年紀的他說，回想起來，那是極危險的事。

當時，清華大學生物系有成排的大金魚缸。每當這些缸給搬走去清理的時候，年輕的孩子們就趁機來練車。在每兩行缸之間有一條磚砌的溝，約有兩寸深，六七寸寬。這些小夥子就沿溝行車。大哥花樣更多，常把四歲的我載在他和把手之間的小座位上行駛。一次不巧運氣頗乖，不知怎麼回事摔了一大跤，我的左額撞上了溝邊，開了一個大口子。大哥趕緊帶我先去醫院把血止住，傷口鉗好，然後帶我回家給我吃金錢酥，哄我不要告訴爸爸媽媽。60多年前的事，我的印象已開始模糊，只記得金錢酥是在不尋常的時候才吃的。那次大哥好像挨了一頓罵。

振寧比我大8歲，因為他學力極強，從學齡算來，要長我10歲。1938年，他才16歲，唸完雲南昆明昆華中學高中二年級以後，就以同等學力的資格考進了由北大、清華、南開聯合組成的西南聯合大學。當年全國參加考試的人有2萬以上，大哥是榜上第二名。

我們家當時有一面黑板。爸爸和振寧常常在黑板上討論數學。黑板上畫了許多幾何圖形和好些奇奇怪怪的符號。他們還常提起"香蕉"（"相交"是幾何名詞），和有音樂聲調的"鋼笛浪滴"（*Comptes Rendus* 是一份法國學術雜誌）。童年的我，對這些高深的學問就開始有了好奇心。

大哥頗愛唱歌，不論是在校園走路，還是在家裏做功課，總是要大聲地唱中國歌、英文歌。他的弟妹們聽來聽去，把他常唱的歌也全學會了。奇怪的是有幾首中國歌，除了他和父親以外，我從來沒有聽別人唱過或提起。[1] 有一次，有一個大哥的朋友問一個同學："你認不認識楊振寧？""楊振寧？楊振寧？哦，是不是就是歌唱得很難聽的那個人？"

初中的時候，無聊起來有時就翻開大哥高中時的國文課本，記得在李白的《將進酒》長詩後面有他寫的幾個字："勸君更盡一杯酒，與爾同銷萬古愁！絕對！"多年以後我問他怎麼會把王維的《渭城曲》的一句和李白的《將進酒》的一句湊在一起，他說那是父親當年在安徽某小城的一個酒家看到的一副對聯。

---

[1] 舉例說，有首歌名《燕》，"燕、燕、燕，別來又一年，飛來飛去……"還有一首歌名為《中國男兒》，"中國男兒，中國男兒，要將隻手撐天空……"

　　大哥進了大學以後開始唸古典英文書籍，如《悲慘世界》[2]、《羅娜東》[3] 和《最後的莫希干人》[4]。他常常一面看一面翻譯出來講給弟妹們聽。每天講一小段，像從前中國的說書人一樣。我們不但聽得津津有味，而且上了癮，每天吃完晚飯就吵著要他說書。可惜他有一個大毛病，在一本書還沒講完之前，他就已經開始講第二本書了。這樣把四五本書的後半段都懸在半空，把我們吊得好難過。

　　父母親鬧意見也時有發生，有一次兩人大吵，大哥實在看不過去，就說如此吵法有失體統。父親聽了甚為惱怒，大罵了大哥一頓。當時家裏父親頗具威嚴，大哥居然敢正面批評父親，讓我們很是佩服。

　　父親交遊頗廣，他有很多朋友。記得他有兩三個中學同學，經過昆明，父親請他們到家裏吃飯。這幾個人又吸煙，又大聲咳嗽，又常吐痰，行止頗粗野，大哥看了很不入眼。客人走後，振寧就跟父親表示對這些人的意見。我的印象是父親大怒，這是大哥和父親衝突的又一次。

　　父親年輕的時候唸書異常認真。他的課外活動也頗多。他會吹簫，學過唱中國戲，會下象棋、圍棋。在北京高師唸書的時候，還是校網球隊隊員。他對圍棋尤其喜愛，在雲南昆明時，家裏有一副"雲南扁"棋子。他常常和棋友晚飯後下棋，我就搬個小板凳坐在旁邊看，大哥和我很自然地都學會了下圍棋。

---

[2] *Les Miserable*，是法國大文豪雨果的名著。

[3] *Lorna Doone*.

[4] *The Last of the Mohicans*，是美國作家的作品。

　　大哥的興趣比父親更廣。他下軍棋、國際象棋、跳棋和日本"將棋"，此外他對數學小問題、邏輯問題、橋牌也很來勁兒。我也跟著他搞。他棋癮來了我就是他現成的對手。起初我沒有一樣是他的敵手。當我進初二的時候，漸漸能招架兩下子。在他快離開昆明去美國的時候，我已經在西洋跳棋（Checkers）上和他旗鼓相當，偶爾還能贏兩盤。到美國以後，我們很少住在同一城市。在50年代過年過節時還常下西洋象棋和圍棋。1962年我去日內瓦前父親來信叮嚀我不要忘記帶圍棋。我到日內瓦的第一天晚上，父親就讓我畫了一張棋盤。多年沒和父親下棋，他說我們下棋要按照"四番勝約"的規則：一方多贏四盤，讓子數就增加或減少一子。我們開始第一盤是父親讓我五子，不久後降為四子，繼而降成三子，我正在興高氣昂，忽然父親棋勢轉勁，讓子數由三而四，由四而五。到我們快離開日內瓦時，他已讓我七子，比我在國內時還多兩子。我頗為掃興，據他說我的棋還是很"屎"。60年代以後，大哥公事轉忙，我們就很少下棋了。

　　大哥書唸得很好，他在中學、大學、研究院就已經小有名氣。我很清楚地記得，在他離開中國去美留學以前，不少人就覺得他的將來一定是有大成就的，他也頗有自信心和大志。父親曾經說："振寧是90分以上的學生，振平是80分以上的學生。"現在看來，他對大哥估價太低，而對我估價太高。1945年大哥去芝加哥唸研究院，記得每次家裏收到他的信，就有三項事值得高興。第一是他的學業進展，第二是他給弟妹的一些有趣的小問題，第三是信封上的美國郵票。他好像是一盞明燈，在遙遠的太平洋彼岸發著光彩，給在中國的家人以無限的鼓舞與期望。和他同時從清華留美在芝加哥大學唸生物的他的好友淩寧，有一次寫信給父親說："振寧唸書比別人高出一頭一肩。"[5]

1948年，我來美國進布朗大學（Brown University）讀工程，大哥當時剛從芝加哥大學拿到博士學位，留校擔任講師。他月薪才375元，就分給我三分之一，供我每月的宿膳費。他對我的照顧不像是哥哥照顧弟弟，而像是父親對兒子的關懷。這一點米爾斯[6]也跟我提起，他說："富蘭克對我就像一個父親。"

1951年聖誕節我去普林斯頓大哥家度假，他那時剛證明了"楊－李圓圈定理"[7]。我大學尚未畢業，數理基礎都不很強，他興致極高地跟我講圓圈定理。雖然我完全不懂他說什麼，可是他的極端的興奮給了我一個不可磨滅的印象。

他說他在這個問題上苦思良久沒有結果，曾經去問過普林斯頓高等學術研究院名數學家紐曼[8]教授。紐曼亦不知如何措手。六星期以後，他終於解決了困難，得到了全部證明。他還說："這恐怕將是我一生中能證的最美的定理。"多年以後，我提起他的這句話，他已經完全不記得了，可能是因為他做了更重要更美的工作。

---

[5] "Head and shoulders above the others."

[6] 米爾斯（Robert Le Mills）是"楊－米爾斯場"的另一作者，他曾說："Frank was like a father to me." 富蘭克是大哥取的英文名，這是他讀過美國開國元勛富蘭克林傳之後慕人而因其名。

[7] C. N. Yang, *Selected Papers*, Freeman Co., 1983, p. 14.

[8] John von Neumann 是計算機鼻祖，普林斯頓50年代的計算機即名為 Johniac。

　　1957年，大哥和李政道獲諾貝爾獎。斯坦伯格[9]曾告訴我，當他和振寧在芝加哥大學同是研究生的時候，振寧的學識就已經和教授差不多了。我在1957年也轉學物理。幾年之後，看懂了"楊－李圓圈定理"才知道其中奧妙，也同時感覺到這個定理不是我的能力能證明的。

　　1965年，我和振寧同做研究工作，發現了他的三個特點：第一是當碰上了麻煩的問題，他會想出種種方法去對付。一天之內，他就能從四五個不同的出發點去探討。我呢，常常是兩三天還不一定能看出一個新的苗頭。他問題一抓到手就隨時在想，不斷地去揣摩。有一次他和記者談話，曾說他的不少有趣的想法是在刷牙的時候冒出來的。有一個牙膏公司甚至問大哥是否可以把這個刷牙和思考的關係用在廣告上。他對物理有不尋常的第一感，這當然和他的天賦有關。他的日積月累的對種種物理問題、數學問題和其他使他發生興趣的別的方向上的問題的考慮，也使他的經驗變得既深又廣。這與他的思想的靈活和考慮問題的周到是有一定的連帶關係的。

　　第二是他的數學方面的知識頗廣，而且如果在物理問題上需要的話，他會很願意很快地去學新的數學。這使得他對已經變成數學問題的物理問題有很強的推動力。

　　第三是他選擇問題和研究方法常常具有"美"[10]的色彩。他一生中最重要的工作是在"規範場"方面。這是和極美的數學"微分幾何"和"群論"連在一起的。

---

[9] Jack Steinberger，1988年獲諾貝爾獎。

[10] 英文是elegance。

　　父親一生光明磊落，待人極為厚道，有很深的民族感，常常跟我們講中國歷史。我沒進中學就對中國歷史的悠遠和歷史上的重要人物有了許多認識。他覺得對國文的背誦很重要，直到現在我還能背好幾首詩和詞。

　　1960年和1962年，他和母親去日內瓦跟大哥一家和我團聚。這是父親和振寧在大哥出國以後的第二、第三次見面。第一次是在1957年，父親隻身帶病去日內瓦和大哥、大嫂及光諾見面。這幾次團聚，父親把新中國的情形詳細地介紹給大哥，這給大哥對新中國的印象起了決定性的作用。當時中國科學需要人才，父親希望能爭取已經在物理學界成名的大哥回中國。大哥雖然非常願意替中國服務，可是覺得中國當時的情況不利於他個人的學術進展。回去之後，科研工作很可能出現停滯。他才40歲，如果繼續在美國做研究，將來對中國的作用和增進中美科學界的關係恐怕會更有效果。父親對兒子的看法也覺得有些道理，因此他心理上有點矛盾。他和大哥曾經有多次辯論，最終父親沒能說服振寧。

　　從三十幾年以後的今天看來，大哥的看法是完全對的。楊－巴克斯特方程，和他跟吳大峻做的規範場和纖維叢的關係的工作都是60年代和70年代的研究成果。這兩項工作不但使他成為當前物理學界泰斗，而且推動了許多數學方面的有趣發展。父親如果還在世的話，一定會感到非常興奮與驕傲。70年代以後，振寧的知名度在世界數理學界大增，他在香港替中國大專學校募捐資金，為中國學者創造在美國做研究的機會，又在物理雜誌上撰文為前一輩的中國物理學者的工作進行公平的評價，使他們的貢獻讓物理學界有正確的認識，這些活動都有顯著的成就。總而言之，他給中華兒女帶來了榮耀與光彩，替中國學界做了頗多的事，同時在數學物理的領域裏創造了不朽的成績。

　　這就是我的大哥，可是他不只是我和我的弟妹的大哥，他也是我們民族同胞的大哥！

家・家教・教育[*]

楊振漢

從我略懂人事時始，就感到我身處一個十分美好的家庭之中。父親是一家之主，他和母親共同締造、共同創建了這個美好的家庭。

剛過不惑之年的父親，遭遇"七七"事變，在北平清華園內，深感日本侵華戰爭已一觸即發，於是毅然決定將已懷孕的母親和四個子女，儘快送回安徽合肥父親和母親老家，在那裏有父親的弟弟和其他親友可以照顧我們。父親則隻身到湖南長沙，同清華大學、北京大學和天津南開大學的同仁們一起，組建臨時大學，開展招生和教學活動。

---

[*] 本文作者楊振漢，是楊振寧教授的三弟，畢業於上海交通大學，曾任上海柴油機廠副廠長兼總工程師、上海市政府對外經濟貿易委員會常務副主任、香港新華分社所屬東南經濟信息中心副董事長兼總經理，現為香港楊譚有限公司董事長。本文原載《楊振寧傳》（第五版），復旦大學出版社，1997年。

上海"八一三"戰事後，江蘇南部已成前線，日本飛機不時空襲合肥。父親在長沙，既憂心國難當頭，同胞們還不能團結救亡，又憂心家眷和親友在合肥，恐遭不幸，所以日夜思念。後來，父親的學生朱德祥[1]先生說："老師在長沙，多次同我們討論日本和德國法西斯政權侵略成性，中國擺脫帝制不久，國勢不強，人民受教育水平低，在日本侵略者面前要吃大虧。"

"老師還擔心師母帶著五位幼小弟妹留在合肥，師母又是纏足，若有閃失，老師必將抱恨終生。老師日夜思念，幾星期後，前額頭髮就一片斑白了。"

朱德祥先生還說："我們都勸老師趕快請假趕回合肥，將家眷接來長沙。老師考慮臨時大學剛成立，教學研究工作很緊張，一直不肯請假，拖到快放寒假時才走。"

父親自長沙回到安徽，接了我們，經武漢、廣州、香港、越南到了雲南昆明。那時已是1938年3月。我們在昆明度過了抗日戰爭時期，那時的昆明物質條件極差，父親的工資因為通貨急遽膨脹，實際收入大概只及戰前的幾十分之一，生活十分艱苦。在這艱苦的歲月裏，父親母親十分注意我們兄妹五人的身體成長和家庭教育，很有限的收入都用在子女身上，希望我們能獲得起碼的營養，能健康成長，還為我們買些書本和文具。母親持家有方，她的全部身心都奉獻給這個家，奉獻給她的五名子女。她日夜操勞，從無節假日，開門七件事加上買菜、燒飯、洗碗全親自動手。抗戰期間我們兄妹幾人幾乎很少買衣服、買鞋襪，這些都是母親自己動手縫製或改

[1] 朱德祥，南通人，清華大學數學系畢業，1940年起任教於西南聯合大學、雲南大學和昆明師範學院，是雲南省政協委員，1994年去世。

製。母親還特別愛清潔、愛整齊，衣服每天洗，到了深夜，就為我們補衣服、釘紐扣，家裏一切東西都安排得井井有條。

　　雖然物質生活十分艱苦，但父親母親帶給了我們全家不怕艱苦、努力讀書、正直做人、保持氣概的精神。父親一有空，就給我們講他9歲喪母，12歲喪父，家境十分艱難，寄於親戚籬下，閱盡人間冷暖，從而發奮讀書，堅持不與紈绔子弟和不求上進者為伍的經驗。當時正值清末民初，西方文化教育還只到上海、天津、北京等大城市。父親在合肥中學畢業後曾有興趣學京劇，並且已經去找京劇老師了，後見京劇流派甚多，未有關係，勢難有成就。有親戚勸說父親參軍習武，父親隻身去武昌軍校受訓，又見軍隊腐敗盛行，只得下決心去北平報考北京高等師範學校，即現今的北京師範大學。那時北平已有北京大學、輔仁大學、清華學堂等，由於只有高等師範學校既免學費，又可申請到助學金，對於家境貧寒的父親，確是唯一受大學教育的機會，所以父親在北京高師接受了西方式的大學教育。

　　在昆明時，除物質生活極差外，還要躲避日本飛機的騷擾轟炸。1940年秋，我家租住的房子中了一顆炸彈，毀壞了家具和物品，這是日本侵略中國以來我家財產的第二次損失。面對這些，父親安慰母親說："留得青山在，不怕無柴燒。"只要父親母親身體好，兒女們都健康成長，再熬幾年，我們家必有出頭之日。

　　1938年我們全家到昆明時，昆明的中小學很少，大哥唸了幾個月昆華中學高中二年級，就以同等學力考取由清華、北大、南開三所大學組成的西南聯合大學。當時五弟振復尚不足歲，振平、振漢、振玉三人實際上失學。父親怕我們三人荒廢學業太久，就自己擔任家庭教師，一有空閑，先教振平和我唸中國古文和白話文——父親在青少年時代曾發奮讀書，他的中國古文、白話文和中國歷史等都有相當造詣。父親教我們唸唐詩和宋詞，像杜甫的《兵車行》和白居易的《憶江南》，我現在還可以背誦。父親曾告訴我們："近代的數學物理化學等課目，到唸中學時再讀都不遲，可是中國語文、中國古文一定要從小就學，從小就背誦幾篇精彩的白話文、精彩的古文，背誦幾首詩、詞、歌、賦等，將來一生都有好處。"

　　1940年秋，在昆明為了躲避日本飛機轟炸，我們家同西南聯大的許多教授一樣，都搬離了昆明城，到農村租農民的房子居住。我們家住在昆明西郊外十多公里處的龍院村。那裏已差不多是窮鄉僻壤，只有幾戶地主家有電燈照明，一切現代化的東西龍院村都沒有，沒有鐵路、公路，沒有煤氣、自來水，沒有電話、郵局，沒有水泥，極少物品是用鋼、鋁做的。父親怕我們離近代社會太遠，常從大學圖書館借畫報和書籍回來給我們翻看，我記得清楚的有《倫敦新聞畫報》和《世界數學名人傳》，父親空閑時還向我們介紹他去美國芝加哥唸書的經過。

　　父親在北京高等師範畢業後，回到合肥和安慶教了幾年中學，決定到外國去闖一闖。他於1923年考取安徽省官費留學美國，先在美國西部的斯坦福大學學了一年，再到美國中部的芝加哥大學，獲得了碩士和博士學位。當時中國政府和安徽省政府都腐敗，父親在美國讀書的官費常常沒有著落，不得已父親只能打工籌集學費和生活費，又一次嘗到人間炎涼。社會的不公平和美國的種族歧視更加深了他的愛國主義情懷。對比美國社會和中國社會，父親決定一生貢獻給中國的教育事業，以期喚起民眾，教育民眾，建立富強昌盛之中國，永不受外國人欺侮。父親1928年回國後即全心投入教育事業，先在廈門大學任教一年，後即轉入北平清華大學任數學系教授。

多年以後，我才了解到父親是中國派去歐美日學習數學而極早得到博士學位的，也是最早將西方近代數學引入中國的先驅者之一。30年代的清華大學和40年代的西南聯合大學，在數學方面造就了中國第一批世界級的數學家，佼佼者如華羅庚和陳省身，這是父親和他的同事們引以自豪的。

1941年抗日戰爭進入最艱苦的時期，日本侵略軍從緬甸、廣西、湖南幾個方向進攻四川和雲南，昆明的形勢又一度緊張起來。我聽到父親和母親談到西南聯合大學有遷西康（即現在的四川康定）之議。到了1941年夏，德國開始進攻蘇聯，到了12月，日本偷襲美國的珍珠港，第二次世界大戰全面爆發。這時父親預測抗日戰爭最困難的時期即將過去，他常同他的同事、學生和朋友們討論天下大事，父親鼓勵每個人都應堅定信心，迎接抗日戰爭和反法西斯戰爭的最後勝利。此後，美國加入太平洋戰場對日作戰，美國航空隊來到中國，日本飛機轟炸昆明的次數大大減少。1943年我們家從龍院村搬回城裏，振平、振漢進入聯大附中，振玉、振復進入聯大附小唸書。這時大哥已自西南聯大物理系畢業，進清華大學研究院讀碩士。1944年父親到聯大附中兼課，教六年級數學。他常應邀在聯大附中演講，講國際形勢和國內形勢，鼓勵學生們樹立抗戰必勝信念，鼓勵學生們學好科學技術和文化，戰後為復興中國而努力。

1945年春，大哥獲取了留美公費，將離家赴美國讀博士。父親高興地告訴我們，艱苦和漫長的抗日戰爭看來即將過去，反德國法西斯戰爭也將結束。我家經受了戰亂的洗禮，雖有精神和物質損失，但是我們家七口人都身體健康，學業有進，更可喜的是兒女們都孝順父母，兄弟姐妹之間和睦相處，親情常在。我們一家人相互之間的關係，的確非比尋常，這是我們每個人都十分珍惜的。

抗戰勝利至今已51年了，父親、母親和振復均已長眠於蘇州東山。回憶抗戰時期的艱苦歲月，我們家真可稱得上美好、和睦和親情永駐的家。

也許是因為環境實在艱苦，精神負擔又重，父親在1946年春得病，沒有能跟上西南聯合大學同仁們遷回北平和天津的舉動。父親病愈後暫時在昆明師範學院任數學系主任一年，並打算在休假幾個月後返回北平清華大學任教。1948年夏，父親在上海送走振平和鄧稼先同船去美國唸書，即回到北平清華大學。1948年底東北的遼沈戰役結束，平津戰役和淮海戰役正在積極醞釀之中，父親預想到北平解放恐已不會很久，而全國解放、昆明解放則不能估計還要多長時間，這時母親和我、振玉、振復都還留在昆明。於是他在12月21日乘飛機離開北平，經上海回到昆明，住了一個多月，於1949年3月初攜同母親和我們三人一起飛到上海，等待上海解放後回北平清華大學。

父親1946年兩次重病雖愈，但他自感精力已大不如前。那時父親剛滿50歲，父親說："我已經不能像老將黃忠一樣上馬提刀，轉戰沙場了。我的腦力和體力已不允許我再搞數學研究，後半生我只能從事教育，也許能再培養一位世界級的數學家。學校行政工作我也不會再擔任了。"對於教育，父親說首要的是知人，也就是除了當伯樂外，更多的時間是認識每一位學生的長處和短處，充分讓每一位學生發揮他的長處，避開他的短處，這就是揚長避短，應當相信每位學生都可能有些小成就的。若能遇到稟性異常的學生，更應當循循善誘，循序漸進，讓學生的功課基礎扎實，這才有成大器之可能。除了教學生基礎知識和專業知識外，還應教學生注意思想方法、學習方法，教學生品德和道德修養。

我們五個人，在上海迎來了解放。那是1949年5月，到了7月，父親非常失望地知道清華大學不再續聘他為教授。這時父親轉入上海同濟大學和上海大同大學任數學系教授，著手培養新中國第一代數學人才。父親說到他這一生適逢三個時代，再加上在美國留學和德國訪問的6年，對比十分強烈。父親青少年時期，在大清帝國統治下生活了15年；中華民國時代，父親生活了38年，其中有6年在美國和德國，還有抗日戰爭時期；再就是中華人民共和國時代，那時剛剛開始。父親說大清帝國到19世紀已經十分腐敗，把中國搞到民窮財盡，差不多淪為殖民地，中國人淪為世界上最低等的人民。而民國初期，軍閥混戰，幾省獨立為政，中國已國不像國，民不聊生，盜賊蜂起，哀鴻遍野，最後引致日本入侵，給中華民族帶來大災難。中華人民共和國是真正解放了的中國，中國人民站起來了，外國人不敢瘋狂欺侮中國人了。

1952年，我大學畢業了，母親盼望我能留在上海。母親說："我大兒子1945年去美國，二兒子1948年也去美國了，三兒子為什麼不能留在上海？養兒防老麼！"父親勸母親說："男兒志在四方，三兒子是國家的人才，應該到國家最需要的地方去。"我帶著父親的鼓勵和母親的愛心，到北京去參加中國的第一個五年建設計劃。

之後幾年，父親寫給我許多信，除鼓勵我繼續努力外，較多地論及他自己思想的轉變。當父親得知我在三年多時間裏去過中國北方許多城市，他很高興地引用清華大學校歌中"自強不息"四個字勉勵我，還引用老話"學如逆水行舟，不進則退；心似平原走馬，易放難收"。父親還告訴我古代哲人、詩人、畫家和政治家都有周遊列國、遍訪名山大川之舉，還鼓勵我在有機會時到外國去，特別是到北美、西歐去看看，對比對比。父親還強調，一定要認清潮流，跟上潮流，努力走在潮流之前。父親說，他在青年時代，正值清末民初，西方哲學思想、科學技術和社會科學思想一齊湧入中國，他認清這一潮流，奮發讀科學書籍，到美國去學習西方的近代數學。他說他當時以為科學可以救國，也以為教育可以救國，但新中國成立後他才逐漸了解到，只有推翻舊政權，趕走殖民主義者和外國勢力，鏟除軍閥，消滅割據局面，消除貪官汙吏，中國人才能最終站起來，中國才能同世界其他國家平起平坐而不再被外國人欺侮。到這時，科學和教育才能真正地幫助中國人，找到更好的未來。

父親要求我看清當前的潮流，說："解放了的中國前途無量，當前最要緊的是建設，要把中國建設成富強的國家。"他要我努力讀書，學好技術，積極工作，爭取做共青團員，也爭取做共產黨員。父親說，中國人中的一些精英，已加入共產黨，經過幾十年艱苦奮鬥，前仆後繼，不怕犧牲，才取得1949年的勝利，像這樣努力下去，再有三五十年，中國會同美國、蘇聯一般強大。

1952年夏，全國大學進行院系調整，要中國的大學放棄英美式的教學制度和教學方法，全部採用蘇聯大學設置的模式，綜合性大學改成專業性大學或學院。同濟大學改成以建築為主的專科大學，而復旦大學改成文科和理科的專科大學，這樣父親自同濟大學轉入復旦大學任教，大同大學則撤銷。父親以很高的熱情參加了這次教學改革。父親會英語和德語，不會俄語，但父親仍以56歲高齡繼續學習俄語。父親說："我不求很快學會講俄語和聽俄語，但我會很快地學會看俄文數學書。"幾個月後父親便可以閱讀了。父親根據蘇聯教材，編寫適合中國學生學習的代數和數論教材。

1956年，大哥在美國同李政道一起發表了一篇物理論文，1957年底獲當年諾貝爾物理獎。這件事極大地震動了中國人，因為中國人或中國血統的人還從來沒有獲得過這種世界性的崇高的榮譽。外國人固然看不大起中國人，中國人自己也有很深的自卑感，自認為中國人在政治上、經濟上、科學上、技術上、哲學上等都很不行。即使是新中國，政治上是站起來了，經濟、科學、技術卻還相當落後。這次楊振寧、李政道同獲諾貝爾獎，證明中國人是有智慧、有能力攀登科學高峰的。父親多次告訴我們，不要小看中國人在世界上第一次獲得諾貝爾獎的深遠意義，還說這件事至少使一部分中國人，特別是知識界，打掉了自卑感，從心理上敢於同西方人一爭短長了。

1954年冬，父親第二次重病住院。上次重病是1946年，得的是傷寒病，並且復發兩次。這次得的病是抗藥性糖尿病。父親先住在華山醫院，後搬去華東醫院治療。復旦大學和上海市政府都非常重視父親疾病的治療，多次從上海有名的醫院聘請醫學專家來會診，結果在1955年夏控制住病情，之後父親又被送去無錫太湖療養院。但父親身體一直虛弱，再沒有恢復到這次生病前的健康水平，也再不能去復旦大學登臺上課或帶研究生了。大哥獲得諾貝爾獎的消息傳來時，父親住在華東醫院。

1957年春，大哥將去瑞士講學，寫信來建議父親母親到日內瓦見面。父親即親筆寫信給周總理，請求能去瑞士同大哥見面，並打算乘此機會說服大哥，要他不去中國臺灣，最好回到中國大陸來。結果很快得到周總理批准，於5月份隻身起程，在北京停留數週，於6月中到日內瓦，一直住到8月底才返回上海。

父親從日內瓦回來後告訴我們，大哥和李政道於1957年初名揚世界以後，臺灣方面即不斷地派人去拉攏他們，希望他們能回臺灣工作，或至少是去臺灣講學。父親說，他告誡大哥和李政道，即使因為種種原因，目前不能回到大陸，但也絕對不能去臺灣。當前的形勢是大陸會一天天強盛起來，臺灣會慢慢萎縮下去，這就是當今潮流。父親還告訴我們，在美國的中國人都對新中國很不了解，他們心目中的中國，都大體上停留在1949年前的水平上，當時是內戰、通貨膨脹、貪汙、貧窮等。看來同大哥、李政道他們多接觸、多見面，會有用處。

1960年春，父親偕同母親一起自上海來到北京，住了幾個星期，再次經蘇聯、捷克到日內瓦同大哥見面。這次二哥振平也自美國趕來同父母小聚。當時中國正處在"大躍進"、"大煉鋼鐵"、"人民公社化"等的高潮中，全國的經濟和政治秩序受到一定程度的干擾。父親從日內瓦回國後告訴我們："我現在很矛盾，國內各方面有些失序，我怎能勸說振寧回國來呢？他回國來怎麼還能繼續做研究？但是他老是留在美國，美國政府又老是以中國為敵，我們又都在國內，長此以往，如何是好？而且，我寫信給周總理時，曾寫過我要介紹新中國的情形給振寧，希望他們毅然回國，可現在中國的研究環境比美國差太多，生活環境也不行，我很難啟齒。"

母親則從近三四年的實際出發，說到上海社會生活同四年前相比的差距給大哥聽。父親聽到母親的介紹，回上海後告訴我們："我聽了你母親介紹上海的社會生活給你大哥聽，我非常矛盾。一來你母親接觸的是實際生活，她說的都是事實，但你母親沒有從長遠看問題；二來可惜的是我不能把我對中國前途的預測完整地說給振寧，並且說服他同我的看法一致。"父親還說到母親介紹的上海的情況，大哥一聽就會覺得一定是真的，父親說想從長遠的眼光看當前的形勢，但恐怕沒有什麼說服力。

1962年夏，父親第三次、母親第二次去日內瓦，這時中國國內遭遇自然災害，糧食、食品、日用品、衣物等都奇缺，市場蕭條，對比當時的日內瓦市場，真是差別太大了。父親回國後說："你母親反對你大哥二哥他們回到中國來，說回來不但得不到諾貝爾獎，而且還會受到衝擊。我心裏想你母親說的是對的，但我沒有直接說出來。我寫信給周總理時，說到一是勸你大哥他們一定不能去臺灣——這一點看來可以做到；二是勸你大哥他們在時機成熟時回國來——現在看只能說是時機不成熟吧，這一點恐怕是做不到了，我覺得內疚。"還說："中國經濟不發展，人們靠發糧票、肉票、布票過日子無論如何不行，民生雕敝，搞得不好社會會動亂，現在談科學研究、談教育、談技術都是沒有用處的。當然中國歷史上像這樣的情形恐怕有許多次，唯一的希望是早一些過去，讓民生有復蘇的機會。中國社會的再生能力很強。"

　　1964年底，大哥到香港講學，父親、母親、振漢和振玉四人到香港同大哥見面。這是1945年大哥離開中國後第一次見到振漢和振玉。在分開的19年間，中國經歷了許多變化，先是1945年日本投降，二次大戰結束，接著1946年到1949年間解放戰爭，1949年成立中華人民共和國，1950年起抗美援朝戰爭，1952年起中國歷次政治運動："鎮反"、"肅反"、"公私合營"到"大躍進"、"人民公社"，再就是自然災害。父親後來對我們說："這19年間吾家七人分在大洋兩岸，我兩次大病竟能化險為夷，在國內經歷多次變動，但我們都安然無恙，振寧獲諾貝爾獎，振寧、振平、振漢、振玉都已成家，我們有了孫兒孫女，上蒼待吾家不薄，我深信我們全家必有後福！"

　　1964年後，中國相繼研製成功並爆炸了原子彈和氫彈，還發射了導彈和人造衛星。這些成就，父親都受到極大鼓舞。父親告訴我："中國是世界四大文明古國之一。盛唐時期，中國在國際上曾非常強盛，可惜在明朝以後，發展幾乎停頓，遠遠落在歐洲和北美洲那些後起的國家的後面。清朝和中華民國時代，中國是東亞病夫，貧窮、愚昧、落後，到處受外國人欺侮。1949年新中國成立，中國真的站起來了。你大哥和李政道在美國獲得諾貝爾獎，說明海外的中國人也站起來了。中國有原子彈、有氫彈、放導彈、放衛星，這意義實在太大了。世界上的人都看到，中國已經擺脫了近幾百年的沉睡、落後和挨打的狀態，中國人覺醒了，站立於世界民族之林。"

　　"文化大革命"開始了。父親有一次對我說："沒有法子理解發生了什麼事。社會法治受到破壞，人身毫無保障，人和人之間相互攻擊，維繫社會安定的道德、倫理、修養等全都被拋棄。這樣下去，整整一代人都給帶壞了。我想當前最要緊的是要講誠實，不能在外面錯誤的壓力下講違心的話。"到1968年，搞清理階級隊伍，幾乎每天都有人到我家來找父親，說要調查父親的同學、朋友、遠親、近鄰的歷史問題和當前表現，父親均一一回憶，畢恭畢敬地寫成書面材料，簽上名字，交給來人。父親說："我為我的朋友負責，我為組織負責，我寫的都是事實，沒有半點虛假。"

記得在1949年我們即將離開昆明時，父親有一位雲南籍的老朋友，頗有積蓄，送了一筆錢給父親。到了50年代，這位老朋友遭遇不幸，急需錢財救濟，當時我家也有困難，父親毅然拿出自己微薄的積蓄，再找朋友、親戚借了些錢，全數寄返雲南，以解老友之危。父親的為人即如此。

父親在"文革"高潮時曾對我說：

"我教書一生，清白一世，除因腦力體力欠佳，不能多做研究外，我一生無愧於祖先，無愧於後代。我培育了中國新一代的數學人才，我的子女都大學畢業，你大哥還得到諾貝爾獎，你們都在國家的重要崗位上努力。我也無愧於社會，無愧於中國人民。我不是落後於時代的人，我曾將近世代數和數論引入中國，我也曾將西方現代的教學方法引入中國。"

"1949年以後，我雖然不能回清華，但我繼續在同濟、大同和復旦大學教書。1952年開始學蘇聯，我的俄文水平不高，但數學本身是沒有國界的，俄國數學家是世界級的，可是蘇聯的教學方法不見得好，我總認為我的教學方法不比蘇聯差。"

　　"1949年以後，中國進入一個新時期。我已經年紀大了，舊社會的觀念多，不能轉變得太快。你正當大學畢業，遇上中國第一個五年計劃，十多年來你工作還相當努力，得到組織信任，現在工廠擔任要職，一定要兢兢業業、勤奮工作、勇往直前。毛主席在莫斯科說過，世界是你們的，也是我們的，但歸根結底是你們的。這話不錯。我身體不行了，想教書、帶研究生，但心有餘而力不足。只有看你們，看這個社會，看這個國家蒸蒸日上。"

　　"'文化大革命'這麼亂，不知道革什麼命！但應當相信這種情況會過去的！中國社會幾千年來由治變亂，又由亂變治，古話說分久必合，合久必分，這恐怕是真理，至少幾千年來社會就是這麼發展過來的！"

　　"'文化大革命'三年了，我同朋友們都不來往，知識分子朋友不來往，老幹部朋友也不來往。在街上碰面，只互相打聲招呼，道一聲保重，就分道走開。這樣的情況怎麼可能長久？但是越這樣亂下去，想恢復到有秩序就越困難，恢復的時間就會越長。"

　　三年來父親真是寂寞，報紙上很少有新聞，差不多所有書籍都暫停出版，雜誌也銷聲匿跡，只有造反派印的小報、寫的大字報滿街流傳。外國的所有消息都聽不到。父親評論說："小報和大字報不必看，因為它們全不負責任，真真假假無從判斷。"父親愛國愛民之心隨時流露。

　　1969年秋，毛主席邀請美國記者埃德加・斯諾（Edgar Snow）夫婦上天安門檢閱。父親聽到這個消息，精神大振。

　　1970年夏，忽然收到大哥自美國寄來的一封信。這是1966年"文革"以來第一次收到從美國寄來的信。新中國成立後到"文

革"之前，上海和美國之間的通信和通話其實從來沒有間斷過。就
在抗美援朝的兩年多時間裏，通信還是通暢的，只不過信件在途中
要走一個多月。至於長途電話，從美國打進上海，好像從來沒有停
止過，不過不允許從上海打往美國。"文革"中在不能互通音訊的
三年多時間裏，大哥只能通過在日內瓦的一個存折裏看到父親取錢
時簽下的剛勁有力的字，才知道父親健在上海。這是大哥三年多內
唯一的"家信"。其實自1966年10月，父親的工資被復旦大學造反
派封住無法取出，我們家的開支就只靠我一個人在上海柴油機廠工
作的微薄工資，根本入不敷出，何況五弟[2]振復還生病住院。父親
隔一個月或兩三個月通過中國銀行上海分行，開支票從瑞士支取一
些錢回來貼補家用。1970年夏大哥的來信說，他將於是年12月到香
港中文大學講演，渴望能在香港見到父親、母親和弟妹，重溫1964
年在香港聚會的美好日子。

　　當時我們都很興奮，經過四年多"文革"的混亂後，國內的無
政府狀態略有改變。父親同我和振玉商量如何申請再去香港。此後
兩個月，父親奔波於復旦大學、市革命委員會和公安局之間，送去
的申請報告仿佛石沉大海。

　　也許是因為父親十幾年的糖尿病引起了神經系統病變，也許是
因為這兩個月來多次奔走而過度疲勞，就在我們申請去香港得到批
准後不久，父親即病重住進華山醫院。父親自述病情是："雙膝發
軟，無法站立，不能行走。"

---

[2] 振復，1937年出生於合肥，1955年上海中學生數學比賽名列前茅，1956年考取
北京大學數學力學系，1959年因病退學回到上海，在上海復旦大學再讀了一學
期後輟學，以後一直在家養病，1985年去世。

　　我們同醫生商量了幾次，看來父親的病情已無法讓他遠行，只得由振玉陪同父親，我則陪母親去香港同大哥見面。我們和大哥仍住在1964年我們共同住過的百樂酒店，不久振平也自美國飛來團聚。春節時我們兄弟三人陪同母親在香港過節，我同振平已分開22年！

　　我們在香港得知父親病情有好轉，都萬分高興。大哥更是樂觀，因為上臺不久的美國總統尼克松已開始調整美國對中國的政策，消息顯示美國想結束對中國的隔離和圍堵政策，同時毛主席接見美國人埃德加・斯諾，又邀美國乒乓球隊到北京訪問，好像中國也在調整對美國的政策。而且中國的"文化大革命"已近結束，中國國內有恢復秩序的跡象。大哥盼望中美關係改善，他有機會回到他的出生地——那闊別已經26年的中國大陸看看，還極盼能到上海探望已病在醫院的父親。

　　母親和我回到上海，見到父親病情確有好轉，比入醫院時好得多，但是似乎已經不能站立。父親這時對中美關係在逐步轉好相當樂觀，父親又議論說："1950年開始抗美援朝，中國開始批判'崇美、恐美、親美的情緒'，我當時就思想不通，但不能講。1952年起中國開始'親蘇，一切以俄為師'，我思想也不通，蘇聯和俄國人好在哪裏？1950年以後中國不顧一切地倒向蘇聯，現在看到問題所在了。"

　　1971年6月，中美關係有解凍的跡象，大哥率先取道法國來到上海。大哥回國探望，給父親極大安慰，他有了卻一樁心願、實現自己諾言的心情。早在1957年父親寫信給周總理，並被批准去日內瓦時開始，他就有一個心願，也定了下一個諾言——爭取他的大兒子回國，現在終於實現了。5月間大哥來電報說他將於6月底來到上海時，父親在病榻上說："我們家的家風：一生為人清白。我們家的家教：你母親勤儉持家、一生奉獻給丈夫和子女。你大哥在清華園所受的教育、在北平崇德中學唸書、在西南聯大唸書，還有你們四位弟妹，還有你大哥的同學和朋友很多都在國內，凡此種種，都是你大哥一定會克服障礙回國探望的基礎。"

1972年，大哥第二次回國探望。大哥1971年探望中國，回美國後在美國好幾個城市做訪問中國的報告，幫助美國社會逐漸形成中國熱。一批美籍華人，都是父親的老朋友、老同事，紛紛於1972年攜帶家眷回國探望，也都到華山醫院探望父親。父親當時既興奮又感慨，父親說："我遺憾的是我的身體不行了，否則我將同你大哥一起去北京見周總理，我將當面謝謝周總理批准我去日內瓦，我將當面謝謝周總理關懷我的病情。我76歲了，還能碰上中美關係改善，碰上中國的春天、中國的科學和教育事業的春天，不能不說也是幸福。如果我身體好，我還能為中國的科學和教育事業做一些貢獻，我有朋友、同事和學生在海外，有的在中國臺灣，我會請他們回中國大陸看看。"

1972年冬，父親感冒以後神志不清，最後轉為昏迷，就再也沒有清醒過來，直到他於1973年5月去世，時年77歲。

父親、大哥和我們[*]

楊振玉

父親幼年時家境清寒，生活困苦，祖父（楊邦盛）雖在外省任職，但生活漂泊不定，祖母患肺病臥床不起。在這樣的環境下，父親少年時就努力讀書，照顧重病的母親，愛護和幫助唯一的弟弟楊力瑳。父親告訴我們，祖母省下買藥治病的銅板，讓父親和力瑳買早點吃後去讀書，父親就把本可以買兩個小燒餅的銅板全都給了弟弟，讓他可以買一個大燒餅充饑。冬天合肥的兒童都穿兩層棉袍，大棉袍較長穿在外面，二棉袍較短穿在裏面。可叔叔的棉袍子是別人施捨的，二棉袍長出大棉袍之外，惹來家境好的同學的嘲笑和欺侮，為此父親曾和這些同學打了幾架，教訓他們不可依仗有錢就欺侮人。父親不能忘記祖母病危時以僅有的一些銅板買了一帖中藥，

[*] 本文作者楊振玉，是楊振寧教授的妹妹，畢業於上海復旦大學，曾在中國科學院生理研究所從事科研工作。赴美後，獲美國紐約州立大學石溪分校神經生物系博士，現任該系高級研究科學家。本文原載《楊振寧傳》（第五版），復旦大學出版社，1997年。

煎成湯藥之後不幸藥罐落地的事，當時祖母惶恐地說，這表示她的
日子已經到頭了。

1905年祖母病逝，三年後祖父也在外省病故，那時父親才12
歲。父親的叔叔楊邦瑞語重心長地告訴父親，今後他是無依無靠
了，應好自為之。少年的楊武之牢牢地記住他叔叔的話。1915年父
親考入北京高等師範學校。在校時他讀書認真，成績斐然，國文、
英文、數學都名列前茅。他的古文和中國歷史的修養，英文和數學
的底子，就是這時打下來的。每天課後他都要踢足球直到汗流浹
背，晚飯之後則十分專心地上晚自修。青年時期的楊武之，學業上
進，體魄健全，興趣廣泛，除踢足球之外，他還打籃球、唱京戲、
下圍棋（圍棋是父親一生的愛好，50年代父親還曾得過上海市高等
院校圍棋比賽優勝獎）。

1923年父親考取安徽省官費留學美國，在斯坦福大學獲數學學
士學位，1928年獲芝加哥大學數學系哲學博士學位。父親為人正
直、誠實、忠厚無私。吳有訓先生是他芝加哥大學時的室友。吳先
生曾說過楊武之具有磁鐵一樣吸引人的性格。

父親和母親是自幼訂親的舊式婚姻。父親雖然留過洋且有博士
學位，但他和文化程度只有初小且纏過足的母親之間終生都是相親
相敬的。父親留學美國時，母親帶一歲的振寧在家鄉合肥。親友中有
人對母親說，現在的留學生回國之後會拋棄舊式的妻子另娶新式的
女學生。母親惶惑之餘下定決心，萬一父親真是這樣，她將自己一
個人扶養振寧成人。父親自美返回上海之前，即電報母親要她帶振
寧去上海相聚。母親告訴我們，那時她真是喜出望外，眼淚盈眶。

1928年父親受聘為廈門大學數學系教授。1929年秋改任清華大學數學系教授。全家遷往北平，住清華園西院19號（後來於新建新西院時門牌改為11號）。振平、振漢和我相繼在清華園出世。1933年秋大哥在清華園唸完成志小學，進入北平城內的崇德中學。他成績優異，課外還參加演講比賽並獲得好幾個銀盾。父親於1934年秋休假去德國柏林大學研究數學一年。大哥每週替母親寫信寄往柏林，報告母親和弟妹們的一切情形。信上還時常和父親討論代數或幾何題目可以有多種解法的心得。父親感到欣慰的是從振寧的信中他能及時得知妻子和孩子們的近況。他更感到振寧聰慧、純正，數學方面能舉一反三、觸類旁通，"似有異稟"。

1937年抗日戰爭全面爆發，父母親、大哥和我們不得不離開清華，開始了顛沛流離的長途奔波，終於在1938年初到達昆明。父親即任由清華、北大、南開三所大學合併成立的西南聯合大學數學系主任。抗戰時的昆明生活十分艱苦，但教授認真教書，學生刻苦勤奮。抗戰時期西南聯大造就了一大批以後成為中國科技界棟樑的人才。我們在這樣的環境裏、在父親和大哥的直接影響下成長起來。父親為聯大數學系的教學和各種系務操勞，年過四十已是頭髮斑白。他總是抽出時間和我們在一起。從我們六七歲開始，父親就在家裏設下一塊小黑板，進行家庭教學。這塊小黑板直到我們大學畢業都還擺在家中。他在黑板上教過我們語文、算術。隨著我們學歷的增長，又教過我們英語、詩、詞、三角、代數、幾何、微積分，等等。他還教我們唸古文觀止、講歷史名人故事如岳飛、文天祥等。父親讓大哥從西南聯大圖書館借來英文的 *Men of Mathematics*

（《數學名人傳》），由他和大哥分章分節講給我們聽。因此從小我們就知道笛卡爾（Descarte）、費馬（Fermat）等數學名人。我們後來都不從事數學研究，可是對學術研究都產生了敬慕之心。

1940年秋天，日本飛機幾乎每天轟炸昆明。我們在小東角城的家被炸得徒有四壁，於是全家遷到昆明西北郊的農村——龍院村，開始了更為困苦的生活。父親風塵僕僕，騎自行車每週往返於昆明城和龍院村之間。有一次天黑時，自行車從鄉下崎嶇又泥濘的堤埂上滑到埂下的水溝裏，父親渾身是泥，幾處受傷。當時那個家，白天可見蛇行於屋樑上，夜半時後山上狼嗥聲不斷，令我們毛骨悚然。

當時振平、振漢、振玉及五弟（1937年在合肥出生）都還是12歲以下的孩子，正是長身體長知識的時期，可是農村沒有好的學校可進，四周的物質環境又極其貧乏。大哥為鼓勵、幫助我們唸書，同時也為愛護母親，減少我們的頑皮搗亂，就訂出了一些頗為吸引我們的規則。一天下來，誰唸書好、聽母親的話、幫助做家務、不打架、不搗亂就記一個紅點，反之就要記黑點。每週誰如果有三個紅點，就可以由他騎自行車帶去昆明城裏看一次電影以資獎勵。

大哥週末從聯大回龍院村，家中總是聚集著許多聯大教授的孩子，可以記得起來的有吳有訓先生的孩子吳惕生、吳希如、吳再生、吳湘如，趙忠堯先生的女兒趙維志，余瑞璜先生的女兒余志華、余慧華等。大家等著聽楊大哥繼續講上週末沒講完的英翻中的故事，如金銀島、最後的莫希干人、密西西比河上的生活、湯姆·索亞等。孩子們趣味濃厚，注意力集中。在偏僻的昆明鄉下，孩子們的心裏裝進了社會、人生和世界。

　　熊慶來先生的兒子、大哥童年時在清華的玩伴、畫家熊秉明，當時已顯出藝術才華。他和大哥合作自製土電影放給難得有機會看電影的孩子們。秉明畫連環畫，大哥在舊的餅乾筒的圓口上裝上一個放大鏡，筒內裝一隻燈泡，當連環畫在放大鏡前抽過時，牆上即有移動的人物。我們記得很清楚的是土電影"身在家中坐，禍從天上來"，畫的是日本飛機轟炸，家破人亡。

　　1942年大哥西南聯大畢業，1944年清華研究院畢業，又考取了留美公費。他成績特棒，這給了艱苦奮鬥中的父母親以無限的安慰，也給我們樹立了很好的榜樣。我們生活雖然窮苦，但有父母的愛護和教育，有溫暖的家，有大哥的關懷、幫助和引導，我們逐漸了解了自己的努力方向。平、漢、玉、復此後在中學、大學讀書成績都很不錯，也都認識到要做正直、誠實的人。

　　1945年8月，大哥離開昆明經過印度的加爾各答乘船去美國留學，尋找物理大師費米。在加爾各答，他非常想念父母親和弟妹們。他對父母親的艱辛非常清楚，就把母親親手織給他的唯一一件白毛背心從加爾各答郵寄回昆明給平弟、漢弟穿。1948年大哥更幫助高中畢業、成績優秀的振平去美國唸大學。振平後來也留在美國，也進了理論物理領域，並曾和大哥合作做過重要的工作。

　　1949年新中國成立之後，振漢、振玉、振復分別進入交通大學化工系、復旦大學生物系和北京大學數學力學系。這期間父親和大哥不斷通信。父親不時地告訴我們大哥在美國的物理研究工作做得出類拔萃。父親對他寄以很大的希望。在長孫出世時，大哥曾寫信來請父親取名字。父親即取名為楊光諾，寓意振寧有得諾貝爾獎金的可能。1949年後我們雖然很少和大哥通信，但在我們的心底，大哥的成績和人品是隨時都在激勵著我們的。

抗戰勝利後，清華、北大、南開分別遷回北方原址，父親不巧在1946年清華北遷時患上了嚴重的傷寒病，全家只得暫時滯留昆明。父親暫任昆明師範學院數學系主任。1948年夏，父親隻身回北平清華任教。1948年12月，平津戰役開始，北平已被解放軍東北和華北野戰軍包圍。因為家屬仍然在昆明，父親在得知有飛機上的空位後遂乘該機飛赴南京，再轉回昆明去接家眷，同機的有清華校長梅貽琦。1949年3月，父親帶著全家由昆明飛到上海，等待上海解放後返回北京清華續職。5月底上海解放了，父親卻得到不為清華續聘的通知，而不被聘請的原因並不在父親這邊。父親遂應聘為同濟大學數學系教授，同時應大同大學校長胡剛復先生之聘，為該校數學系兼職教授。

1952年院系調整，同濟大學、大同大學還有交通大學等學校的理學院並入復旦大學，同時並入的還有浙江大學數學系。調整後的復旦大學數學系幾何、分析和代數分別由蘇步青、陳建功和父親負責，系主任是陳傳璋先生。年輕的數學家有谷超豪、夏道行、胡和生，他們均自浙江大學轉來復旦。從1952年到1954年父親在復旦教書兩年，當時全國學習蘇聯教育經驗，代數方面所用的教材是父親參考蘇聯教材而改編的。父親每週認真備課，認真講課。我那時正好在復旦生物系唸書，住在復旦宿舍淞莊，緊鄰父親的宿舍瑜莊。我時常看到陳傳璋先生在瑜莊父親的宿舍裏談話商量。數學系的同學告訴我，楊先生的課教得非常好，同學們都很敬重他。

　　1954年冬天，父親的糖尿病惡化，入院治療直到1957年。這中間因對胰島素產生抗藥性而幾度病危，經過華東醫院精心醫護，加上大哥及時寄來高濃度高純度的胰島素，方才脫離險情。1957年初美國報載楊振寧、李政道、吳健雄在弱相互作用下宇稱不守恆方面有重大突破的消息，2月18日吳有訓、周培源和錢三強致電振寧和李政道，熱烈祝賀他們。國內報紙也報道了這一振奮人心的消息。同年夏天，大哥來電報說將帶太太杜致禮和光諾去日內瓦工作數月，希望父親也能去日內瓦小聚。父親那時剛過危險期不久，仍然病臥床上。他提筆寫了一封信給國務院周恩來總理，意思是說近來報載有重要成就的楊振寧是他的兒子，振寧該年夏天在日內瓦歐洲核子研究中心工作，他非常想念分別多年的父母親，來電詢問父親能不能去日內瓦和他小聚。後來國務院辦公室派人來到復旦大學，由我帶去華東醫院看望父親。在周恩來總理的支持下，在復旦大學黨委的幫助下，父親帶病千里迢迢經過莫斯科飛往日內瓦。

　　父親先到北京，住北京醫院，離京之前曾去德勝門外功德林一號看望從未謀面的親家杜聿明先生。杜先生託父親帶一封親筆信給他分別多年的女兒杜致禮女士。父親在日內瓦和大哥、致禮、光諾共同生活了難忘的數星期。他向大哥介紹了新中國的各種新氣象、新事物，並帶大哥到中國駐日內瓦的領事館去看電影紀錄片《廈門大橋》，看到其建造時所克服的不能想象的艱難。歡聚的時刻就要過去了，大哥買了一盆終年盛開的非洲紫羅蘭，專門照了相，並在相片本上寫上"永開的花是團圓的象徵"。父親臨別時寫了兩句話給大哥、致禮留念："每飯勿忘親愛永，有生應感國恩宏。"

　　父親晚年疾病纏身，已無法繼續教書。他希望大哥對新中國有更多的了解，又於1960年、1962年和母親一起兩度再去日內瓦團聚。父親每次都向大哥介紹新中國的建設和新中國的思想[1]，並且告訴大哥血汗應該灑在國土上，他的詩："五七、六〇兩越空，老來逸興愛乘風；重溫萬里湖山夢，再敘天涯倚桅衷"，正表達了這種心情。

　　大哥想念高齡的父母親，也想念20多年未見面的弟妹們。1964年底，父母親、振漢、振玉從上海去香港和振寧小住。美國駐香港總領事不止一次打電話給大哥，說如果雙親和弟妹們要赴美國，領事館馬上替他們辦理手續。大哥回答說他們要回上海。1970年冬天，大哥原希望能再次在香港看見父母親和弟妹們，但那時父親糖尿病又感染上肺炎，情況嚴重，大哥在香港只和母親及振漢小住。

　　1971年夏天，大哥懷著對父母親和弟妹們的愛、對故土的眷戀、對師友的懷念，回到了闊別26年的中國。作為中美兩國長期對峙以來第一位回國訪問的旅美華裔科學家，這樣做是需要勇氣和膽識的。父母親和我們非常高興大哥走出了這一步。這是他一生的一件大事，也是我們家的一件大事。

　　父親於1973年5月12日在上海與世長辭。在追悼會上，大哥致悼詞說："1971年、1972年我來上海探望他，他和我談了許多話。歸結起來，他再三要求我把眼光放遠，看清歷史演變的潮流。這個教訓兩年來在我身上產生了很大影響。""我想新中國的實現這個偉

---

[1] 楊振寧：《讀書教學四十年》，香港三聯書店，1985年。

大的歷史事實以及它對於世界前途的意義，正是父親要求我們清楚地掌握的。"

　　父親是中國現代數學的一位先驅[2]，在清華大學、西南聯合大學任教授及系主任共18年，在復旦大學任教兩年，造就了許多人才。他和母親建立的家庭孕育了我們兄弟姐妹五人，培養了我們的品質，給了我們他們的人生觀與世界觀。

　　今年，1996年，是父親誕生的百週年，他出世的時候，用大哥的話說是"甲午戰爭和八國聯軍的時代，恐怕是中華民族五千年歷史上最黑暗最悲慘的時代"。這是大哥在一篇描述鄧稼先的文章[3]裏面的第一句話，鄧稼先（1924-1986）是他的好友，是對100年來中華民族的"巨大轉變做出了巨大貢獻"的人。這是一篇至情的文章，描述了鄧稼先的一生。我覺得這也描述了大哥的志向。文章的末尾有這樣一段："假如有一天哪位導演要攝製鄧稼先傳，我要向他建議背景音樂採用五四時代的一首歌，我兒時從父親口中學到的：'中國男兒，中國男兒，要將隻手撐天空，長江大河，亞洲之東，峨峨昆侖……古今多少奇丈夫，碎首黃塵，燕然勒功，至今熱血猶殷紅。'我父親誕生於1896年，那是中華民族仍陷於任人宰割的時代。他一生都喜歡這首歌曲。"

　　大哥是怎樣看他自己的一生呢？他在1995年1月28日被訪問時說："我一生最重要的貢獻是幫助改變了中國人自己覺得不如人的心理作用。"[4]

---

[2] 《中國現代科學家傳記》第三集，科學出版社，1992年。

[3] 楊振寧：《讀書教學再十年》，臺灣時報出版社，1995年，第104頁。

[4] 楊振寧：《讀書教學再十年》，封底。

楊振寧的"有血有肉的物理學"*

楊振玉

理論物理學家楊振寧,於20世紀60年代中期從美國普林斯頓高等學術研究院轉到成立不久的紐約州立大學石溪校區物理系,任愛因斯坦講座教授,組建了理論物理研究所(ITP),並任所長。石溪距美國布魯克海文國家實驗室不遠,形成了良好的互補研究環境。楊振寧在ITP前後33年,於1999年退休。

楊振寧去石溪以前在普林斯頓沒有研究生,到石溪才開始指導研究生。他後來說,他指導研究生主要是要把他們帶進"活的物理學"中。在所著《讀書教學四十年》中他寫道:"有血有肉的物理學,才是活的物理學。"那麼,什麼才是有血有肉的物理學呢?要回答此問題,讓我們看看斯坦福大學張首晟教授(現為美國斯坦福大學講座教授、清華大學特聘教授,因發現拓撲絕緣體獲得2015年

* 本文原載《中華讀書報》2015年6月17日。

美國本傑明・富蘭克林物理獎）的一段話，這段話描述了他自己做楊的研究生的經歷：

> 很幸運，楊為入學的研究生們開了一門課：理論物理中的特選的課題。在這門課程中，楊完全沒有提到我所考慮的物理學前沿的問題，而是討論了 Bohm-Aharonov 效應、Ising 模型的雙重性、一個超導體的量子化、相變和全息成像、Offdiagonal-long-range-order，以及規範場和磁單極的概念。我學到最多的是題目的選擇，這些題目反映了楊對物理學的個人品位，這是從書本上學習不到的。在這些題目中，我領悟到了複雜的自然界能夠通過簡單而漂亮的理論公式來掌握，這也就是理論物理學。[1]

比張早十幾年，楊的另外一位研究生 Bill Sutherland（美國大學教授，現已退休）在《楊振寧，一位20世紀偉大的物理學家》一書中寫道：

> 讓我形容一下與楊一起工作的情形。我是楊在石溪的第一個研究生，在三年的時間裏，楊似乎有無限的時間可以用在我身上。我記得許多次當我在早上欲去楊教授的辦公室，看看他有無幾分鐘時間和我討論某些點時，我會被請入後邊一間氣氛愉快的房間去工作。我們以討論開始，很快各自安靜地、平行地工作。楊在白紙上寫，我則在黃紙上寫，我們不時地比較各自的草稿。楊的秘書有時進來看看我們需要什

---

[1] Zhang S-C, in *Symmetry & Modern Physics*, Goldharber, A. et al. (eds.), World Scientific, New Jersey, 2003, p. 20.

麼，或是楊要與什麼人談話。楊或許停下幾分鐘去接一個電話，有時候楊去會晤一位訪問者，這時有較長的間歇，我就去翻閱成堆的預印本、書架上的書或者抽印本，以及諾貝爾獎的演講詞，等等。然後楊會從附近的食品店購買可口的三明治到工作室。在午餐時和之後會有更多的討論、工作和對兩人結果的比較，直到午後結束。我能感到跟上楊的工作的吃力。我記得日復一日如此工作，我體會到從未有過的努力和從未有過的愉快。在那間工作室裏有十分溫暖和被呵護的感覺，而氣氛又是充滿了智慧和激情的。許多好的工作就出自那樣的氣氛，而且繼續源於那裏。我感謝楊振寧教授離開普林斯頓高等學術研究院象牙之塔而轉入更大的世界，這對楊是一個相當大的轉移。我個人感謝楊給我的遠多於單純的教育的友誼。

另外一位楊的研究生是趙午（國際加速器設計的前沿理論學家之一，現為美國斯坦福大學教授）。他在《楊振寧，一位20世紀偉大的物理學家》一書中寫道：

1973年，我還是石溪分校高能物理的研究生，受教於楊教授時，他督促我去研究一個叫加速器物理的題目。遵照他的指導，我選了 Ernest Courant 教授的加速器理論課，而且非常喜歡。後來在1974年我畢業之前，楊教授又很認真地建議我選擇加速器物理作為我的事業。起先我很猶豫，當再次與楊談話，且經過辯論，最終我聽從了他的建議。今天當我回顧過去時，我知道，那對我是一個正確的選擇。我很幸運，在我的學術生涯的關鍵時刻獲得了他的指導。加速器物理是物理的一個分支，涉及帶電的粒子束，涵蓋很寬的活躍的範圍。但我將只談及一個區域——非線性動力學,我相信楊教授對這一題目一直保持著興趣。

再舉一個例子。余理華(美國BNL資深物理學家,中國上海浦東加速器自由電子激光項目的首席科學家),1979年成為楊振寧的研究生,余在《對稱與現代物理學》(*Symmetry and Modern Physics*)中寫道:

> 在(和楊的)對話中,我學到了科學的許多不同方面,認識到不同領域的科學是活的,有其自身的生命週期。有快速發展的時期,也有緩慢的發展。
>
> ……
>
> 楊教授教導我做研究就如找金礦,在已被徹底探索過的領域很難再找到金礦,但如果在未被探索過的領域,發現金礦的幾率就會高得多。有一天在原子物理的學術報告會後,楊教授告訴我,我應該像天線一樣,開拓我的頭腦去研究和捕捉信息。此後我即注意不同方向的學術報告,並且總是記得尋找活躍的、有興趣的領域。我發現我對自由電子激光很有興趣,它又充滿機遇,此後我就進入了這一方向工作。

楊振寧的另一位研究生韋傑(現任美國密西根州立大學大型重粒子加速器主任,曾擔任中國散裂中子反應堆工程指揮部經理),在回國參與中科院高能所和物理所合作的一個加速器建設的大項目時,接受了清華大學的王珊珊的採訪。她在採訪中記下了韋傑談到的楊振寧:

　　在讀書期間，每當他（指韋傑）遇到重大問題，不知道該怎麼辦的時候，就去找楊先生幫助。在他博士資格考試口試和畢業答辯的時候，楊振寧都是主席。與楊先生的接觸，讓韋傑感受到了大師的智慧與力量……他說楊先生的成就不是他所能望其項背的，很多科學家研究的範圍很窄，是地地道道的"專"家，但楊先生對物理學有整體的把握，已經達到了融會貫通的境界……

楊振寧的研究生中只有一人是高能物理學家，其餘都成為在物理學不同前沿領域中活躍的重要科學家。他們受楊振寧的影響，選擇了有血有肉的活的物理學。美國傑出的數學和理論物理學家、量子電動力學的奠基人之一戴森（F. Dyson）在他出版的新書《鳥和青蛙》（*Birds and Frogs*）中寫道：

　　第3.3項是慶祝我的朋友楊振寧於1999年從石溪（紐約州立大學石溪校區）退休的晚宴上的發言。我請大家注意楊的三個很突出的但也很少有的結合在一起的特點。第一，十分高超的數學能力，使他能解決技術性問題；第二，對自然的深刻理解，使他能提出重要的問題；第三，一種團隊精神，使他在中國文化的再生中起主要作用。總之，這三種特質，使楊振寧之所以是楊振寧，一個保守的革命者。他尊重歷史並引領未來。

楊振寧對自然有深刻的理解，所以他能引導他的學生走進活的物理學。

楊振寧談我國新時期的人才培養[*]

朱志明

　　出於對中國深厚的感情，楊振寧教授自1971年起經常歸來探親訪問，迄今已有25次。楊教授是一位世界著名的物理學家，他的關心，自然要表現在物理學的研究上。然而，只看到這一點是不夠的，因為我們仔細閱讀有關他的報道文章，就會發現，他關心的另一個重點，是我國的教育事業。人才的培養，尤其是科技人才的培養，似乎是他更注意的問題。

　　根據對國內幾家主要報紙的不完全統計，1978年至今，楊振寧教授通過寫信、接受記者採訪、做報告、出席座談會等形式，總共14次專門論述或部分論及我國的教育問題。他的人才培養觀點可以分成兩大類：一類是針對教育者的，這個"教育者"是廣義的，包括負有教育責任、與教育有關的社會各個部門、團體與個人；另一類是針對受教育者的，受教育者主要指在校學生，包括出國的留學生。

[*] 本文原載《華東師範大學學報》1986年第3期。

一　宏觀上理論闡述（主要對教育者）

　　大概和長期從事理論物理的研究有關，楊振寧總是主張從宏觀的角度考慮人才培養問題。

（一）人才培養在科技發展中的地位

　　近年來，楊振寧一直在考慮這樣一個問題："到底是什麼原因，近代科學沒有在中國開始？"[1] 他認為，科技發展的諸因素中，最主要的是教育體制是否合理。他在上海科技協會所做的一次演講中說："我曾經同我的老師泰勒討論過世界各國科技發展成功的因素。泰勒說，一般人覺得一個發展中國家最重要的是資金。他認為這個想法是錯誤的。有的發展中國家錢很多，但發展並不很快。反過來說，第二次世界大戰後的日本和德國，剛開始經濟上極端困難，可是它們經過30多年的努力，工業發展遙遙領先。泰勒認為，這裏面的理由當然很多，不過主要的是這兩個國家的教育體制使它們的人民都有一定的科技知識。在'二戰'中，雖然它們被破壞得很厲害，可是它們掌握現代科技知識的人相當多，所以它們戰後工業才有這樣驚人的發展。我覺得，他講得有道理。我想，中國大學的學生人數太少了。"[2] 我國是一個發展中的國家，雖然在科學技術方面曾經領先於世界，但是近百年來卻落伍了。現在要振興、趕上世界潮流，應該採取什麼樣的措施？楊振寧的意見顯然是有意義的。

---

[1] 薛福康：《楊振寧教授談人才培養》，《光明日報》1982年6月26日。
[2] 薛福康：《楊振寧教授談人才培養》，《光明日報》。

（二）人才培養和社會觀念的關係

　　楊振寧認為，教育的許多問題，首先是一個社會觀念問題。他曾就中國從事農業科學研究的人數少，報考農學的人數更少這一問題談了自己的看法。他說："美國是農業發達的國家，成功的經驗中有一條是，美國在100多年以前設立了所謂'有土地的州立大學'。這個教育體制的基本目的是給所在州的農業做出貢獻。這樣做的結果，使美國的農業大大發展了。現在中國年輕人對學農不感興趣，怕將來到農村去，把農村工作看作是艱苦的，沒有出路的。假如真是這個原因，我想這是個複雜的社會問題，不是學校所能解決的。我建議大家對這個問題討論。如果不討論的話，一個有10億人口的國家，整個現代化要搞上去是有嚴重困難的。"[3]

　　1985年7月，他就上海中學生茅嘉淩獲國際獎而又被迫退學的事件指出，茅嘉淩事件不只是學校教育問題，而首先是一個社會觀念問題。中國的教育傳統認為，書讀得好、分數高的人最有出息。這就在客觀上阻礙了有創造才能的孩子的發展。他說，由於茅嘉淩得過獎，他的事情受到了重視，更重要的是要去注意那些未得過獎的"茅嘉淩"。他認為，要依靠社會各方面的共同努力，使更多的"茅嘉淩"嶄露頭角。政府、教育工作者、家長、電影、電視、報紙等都要重視和鼓勵有創造才能的孩子，為他們的活動創造條件。譬如，通過一種機構，把那些有創造才能的孩子組織起來，經常集會，互相交流。他說，激發年輕人更廣的求知欲，引導他們向廣的

---

[3] 薛福康：《楊振寧教授談人才培養》，《光明日報》。

方面發生興趣，在此基礎上培養他們的獨立思考能力，這對於中國的"四化"，是功德無量的。[4]

在一次和中國留美學生談學習方法的座談會上，他在比較了東西方教育的差別後指出，改進傳統的教育方法，涉及整個社會風氣，因而是一件困難的事。這件事如做成功，也是一種革命。這是一個比在一門學問裏面創造新的東西還要難得多的事。這是根深蒂固的事，不是一兩天就能改過來的，只能每一個人從自己做起，了解和掌握兩種學習方法的必要性，回去教書的時候再去影響自己的學生。[5]

楊振寧的這些話有三個主要的意義。第一，當我們討論教育問題時，不能就教育論教育，要把眼光放寬，指向整個社會。立足點高了，才能解決教育的本質問題；第二，培養人才不只是教育工作者的事情，社會的各個方面都有責任；第三，不合時宜的教育傳統的改革、和教育有關的陳舊的社會觀念的改變，需要一個長時間的過程，不能企求一蹴而就。行之有效的辦法是每個人都認清這件事的偉大意義——這是一場革命，要從自己做起。

（三）人才結構要適應國情特點

作為一個科學家，楊振寧總是實事求是地考慮問題。他在談論人才結構時，一再強調要符合本國的實際需要。他說："各個不同

[4] 柏樹梁、陳保平：《更要注意那些未獲獎的茅嘉淩》，《青年報》1985年8月2日。
[5] 顧文福：《培養獨立思考有獨到見解和獨立研究的能力》，《人民日報》1982年6月24日。

的社會所需要的科技發展是不一樣的，能夠發展的科技方向也是不一樣的。從1971年我第一次訪問新中國起，就不斷地提出過，在這裏（指美國——筆者）學習物理的中國學生需要花更多的力量注意中國所需要的物理方向。我所搞的高能物理，不是中國所急需的方向，這是費錢而不賺錢的方向。什麼樣的方向較合乎中國國情呢？譬如說發展固體物理就較合乎中國國情。農業、化學等方面很重要。由於大家公認還未開發的南海油田是世界上最大的油田，中國的石油工業很快會變得非常重要。這裏需要大量的化工方面的人才。"[6]

　　針對我國1979年夏季高校招生，報考化學的學生比較少的情況，他說："這是我不能理解的。我是唸粒子理論物理的。粒子理論物理是一個很重要的學科，我相信在30年、50年或100年以後，肯定會與人類的日常生活發生關係。基本粒子的研究是會影響世界生產力的。但是，這是從長遠觀點講的。長期投資和短期投資的分佈，各國需要不一樣，不能一概而論。在中國，假如把我幹的那一行強調得太高了，將會產生不良影響，也許會使許多應該唸化學的都想來學基本粒子，這類問題就不是一般問題了。"[7]有一次，北京大學的學生問他關於中國與外國在理論物理方面的差距問題。他沉吟了一下才說："這個問題我不知道怎麼回答。我想說，理論物[5]

---

[6] 嚴學高：《楊振寧教授談學習方法》，《光明日報》1984年5月18日。

[7] 楊振寧：《科技人才培養和學校、科研機構的管理》，《人民日報》1980年3月26日。

理所面臨的問題，不是中國目前所要解決的問題。理論物理在中國似乎很熱，這是一種迷信。"[8] 他在上海的一次談話指出，中國發展需要兩種人才：一種是從事基礎理論研究的，他們為科學技術的發展提供理論依據，人數不必很多；一種是善於動手幹的，他們能用實際知識解決生產問題、經濟問題和社會問題，人數是大量的。[9] 他特別強調，中國的特定情況決定了搞"四化"建設最需要善於動手幹的人。為了這種人才得以健康成長，他不僅多次呼籲中國社會各方面予以重視，還身體力行，為他們創造條件。目前正由上海交通大學舉辦的"億利達青少年發明大獎賽"，就是他創導的，並由他擔任評委會名譽主任。出資設立這個獎項的香港億利達工業發展集團董事長劉永齡先生本來建議用"楊振寧青少年發明獎"這個名稱，他不同意，他說還是"億利達青少年發明獎"好，可以鼓勵企業家和社會各界人士都來關心中國善於動手的人才的培養。[10]

　　楊振寧的這些意見對於我國學校結構的改革（各級各類學校的構成比例）、高等學校專業結構的改革，以及社會觀念（重視理論人才，輕視應用人才）的改變等，都有參考價值。事實上，我國近幾年教育改革的前進步伐，是和這些意見相吻合的。

---

[8] 劉學紅、李傑：《楊振寧博士在北大學生中》，《中國青年報》1985年1月2日。

[9] 朱志明、余建華：《鼓勵青少年提高動手能力》，《解放日報》1985年7月31日。

[10] 朱志明、何戎：《楊振寧與"億利達"及人才的培養》，《人才信息報》1985年12月5日。

（四）辯證地分析、比較中國和外國的教育

　　楊振寧在北大時，有位學生問，中國教育存在的最大問題是什麼？他肯定地回答："這個問題我可以明確地告訴你。一句話，就是學生功課太多，考試負擔太重，沒有多少時間幹別的事。"他說，中國的教育一方面受了傳統教育思想的影響，另一方面，受了新中國成立以後體制的影響，太重視一點一點的知識的積累，總是強調要給學生講得更多、更多，而忽視了培養學生獨立思考的能力。[11]他還說，中國的教育傳統太注重鑽書本理論的"做學問"道路。這樣會把一部分不適合做學問的人硬推到這條路上去。這對他們不利，對社會也不利。不注意動手能力的訓練，輕視技術、企業、社會服務等方面的工作，一切的一切圍繞考試，這是不健康的做法。他又認為，中國目前的高考制度所造成的一個重要問題是使會動手的人吃虧。他說："我接觸到很多第一流的物理學家，他們很能動腦筋，很會做實驗，卻不善於應付各種考試。如果光憑考試取人，這些人就可能被埋沒。一個人會動手也是寶貴的長處，經過學習，加上一定的機遇，就可能成為中國最需要的搞實驗的人。如何想辦法不浪費這樣的人才是個很重要、很緊迫的問題。"[12]他認為，西方在教育上的有些做法值得中國學習。比如，美國大學講授的內容和實際問題比較接近，使學生知道哪些問題有發展前途。學生從中學會了教師的思想方法，學會了自己選擇研究方向。[13]

---

[11] 朱志明、余建華：《鼓勵青少年提高動手能力》，《解放日報》。

[12] 劉學紅、李傑：《楊振寧博士在北大學生中》，《中國青年報》。

[13] 嚴學高：《楊振寧教授談學習方法》，《光明日報》。

　　值得注意的是，楊振寧無論在評論中國的教育，還是在介紹外國的教育時，從不一概而論，全盤否定或全盤肯定。他抱著實事求是的原則，辯證地進行分析比較。他認為，美國的長處是比較開放，尊重學生，鼓勵學生自由發展自己的特長；短處是對學生太放縱，缺少必要的管教，使本來能夠成才的人荒廢掉了。中國的長處是管得很嚴，中學階段的基礎訓練比較扎實 —— 在美國的許多大學裏，中國學生的數學運算等基本功比美國學生強；短處是過分重視"做學問" —— 書本理論，忽視動手能力的培養。[14] 他說，中國教育的最大一點好處是使學生比較有耐心，懂得需要努力，有個過程，不能一下子學到手。而在美國生長的孩子老愛講一句話：這東西沒多大意思。還沒有過去三分鐘就說"沒意思"，不想再聽下去，當然不可能有意思了。[15] 他認為，中國的傳統教育能使學生深入地學到許多東西。中國留學生在做研究工作時之所以不安、著急，主要是因為搞研究需要走的路與他們過去的學習方法完全不一樣。過去的學習方法是跟著人家指出的路走，現在則是要自己去找路。習慣了跟著走的人，一下子要自己找路，就茫茫然不習慣了。這裏有個心理問題，這個問題如得到解決，總的來看，還是佔便宜的。他還用自己在西南聯大和美國芝加哥大學學物理的親身體驗，論證了這個道理。[16]

　　楊振寧的這些論證，乃應成為我們教育改革工作的參考意見。

---

[14] 朱志明：《楊振寧談人才培養》，《教育理論與實踐》第六卷，1986年1月。

[15] 薛福康：《楊振寧教授談人才培養》，《光明日報》。

[16] 嚴學高：《楊振寧教授談學習方法》，《光明日報》。

二　微觀上具體指導（主要對受教育者）

　　楊振寧在人才培養方面所重視的另一個問題是幫助中國學生（包括在國外的留學生）尋找正確的學習途徑，學而能夠成才。

（一）選擇正確的方向

　　楊振寧認為，學習最重要的是選擇正確的方向。他說："我看到物理界有許多人在唸書的時候學習成績都很好，可是過了二三十年，他們的差別卻很大。有人取得了很大成就，有人老是做一件事，費了很大的勁，卻沒有什麼成績。什麼原因呢？這裏雖然有能力等問題，但都不是主要的。最主要的是會不會選擇正確的方向，哪個方向將來會有新的發展。如果你在做研究生的時候，掌握了兩三個方向，這些方向在5年或10年內有大發展的話，那麼只要你是一個不壞的研究生，你就一定有前途。如果你搞的那個方向是強弩之末，你再搞進去，不知道轉行，那就不會有大成就。那麼，怎麼知道哪個方向會有發展呢？比如10年前很紅的方向，一般來說，經過10年的研究，往往過時了。一個領域常常是因為有了新的問題、新的方法，才變得發達起來。但是經過了十幾年的研究，它的新東西快要挖掘完了，再走進這個領域就沒有什麼大成就了。這是需要睜大眼睛仔細了解的。"[17]

　　他在回顧自己進行物理學研究所走過的路程時也指出，一個青年人，在初出茅廬的時候，假如走進的領域是將來大有發展的，

---

[17] 嚴學高：《楊振寧教授談學習方法》，《光明日報》。

那麼他能夠做出比較有意義的工作的可能也就比較大。他說，40年代，50年代初，物理學發展了一個新的領域，這就是粒子物理學。他和他同時的物理工作者很幸運，和這個領域一同成長。[18]

怎樣才能掌握住方向呢？他建議，每星期抽一定時間去圖書館，特別是系裏的圖書館去亂看看，瀏覽一下，過兩三個月，就會了解哪些介紹性的雜誌（有專門的與不專門的）值得看。看多了以後，就能掌握住自己喜歡的那個領域的發展方向。[19]他還指出，把握方向還必須根據個人的能力特點。他曾想在實驗方面做出一篇論文來，但是他發現自己的動手能力比較差。他開玩笑地說，那時，實驗室裏有個笑話：凡是有爆炸的地方就有楊振寧。後來，在導師泰勒的建議下，他放棄了做實驗論文的企圖。儘管有些失望，因為實驗不成功的重要原因之一是，題目本身是做不出來的，但他還是果斷地改變了方向。他幽默地說："這是我今天不是一個實驗物理學家的原因。有的朋友說，這恐怕是實驗物理學的幸運。"[20]

缺乏選擇方向的強烈意識和判斷方向的能力，恐怕是我們中國學生的一個致命弱點。我們認真聽聽這些話，細細咀嚼一下，一定能受到啟發，得到收穫。

（二）知識和能力的關係

楊振寧對中國傳統教育過分重視知識的積累持批評態度，但他並不是不要知識積累。相反，對於必要知識積累的重要性，他曾多

---

[18] 《楊振寧教授談讀書教學四十年》，《光明日報》1983年12月31日。

[19] 《楊振寧教授談讀書教學四十年》，《光明日報》。

[20] 嚴學高：《楊振寧教授談學習方法》，《光明日報》。

次強調。他認為自己在物理學上取得的成績和在中國的學習、知識積累大有關係。他說，西南聯大的學習，使他在做學問上打下了一個扎實的基礎。[21] "自己一生在物理上的見識、視野、鑒賞能力，以及對物理的態度，可以說是年輕時在中國奠定的基礎。"[22] 因此，他對西南聯大的學習生涯十分懷念，他說："西南聯大的教學風氣是非常認真的。我們那時候所唸的課，一般老師都準備得很好，學生習題做得很多。所以在大學的四年和後來兩年研究院期間，我學到很多東西。"[23] 他對當時的導師吳大猷和王竹溪，始終抱著崇敬的心情。1957年冬，他在廣播中得知自己與李政道同獲諾貝爾獎時，立即寫信給吳大猷先生，說他的成績與吳老師有關，表示對老師的感激。[24] 1984年，當他得知王竹溪先生逝世的消息後，不顧工作繁忙，不遠萬里趕到北京，表達一個學生對老師的深切悼念。[25]

楊振寧重視知識的積累，更重視能力的形成。他說："我認為，知識的積累並不是目的，大學教育的目的，是訓練有獨立思考能力的年輕人。獨立思考需要有一定的知識，但不能本末倒置。知識要有利於創造。"他直截了當地指出：中國的學生是知識太多了，活的思想太少了。[26]

---

[21] 《楊振寧教授談讀書教學四十年》，《光明日報》。

[22] 嚴學高：《楊振寧教授談學習方法》，《光明日報》。

[23] 《楊振寧教授談讀書教學四十年》，《光明日報》。

[24] 張高峰：《吳大猷和楊振寧、李政道》，《人民日報》1985年11月17日。

[25] 許遲達：《楊振寧專程悼念導師王竹溪》，《文匯報》1984年7月7日。

[26] 《楊振寧教授談讀書教學四十年》，《光明日報》。

（三）興趣問題

興趣在一個人成長中所起的作用，是楊振寧數次談論的話題。他說，在學校裏學生唸什麼專業，應兼顧兩個方面的因素：外在因素（如國家的需要和學校的條件）與內在因素（如本人的興趣和能力）。但目前的體制（指中國教育體制——筆者）對內在因素考慮不夠。這不利於科技的發展，不利於培養出有創造性、有獨立見解、有做開拓工作能力的人。[27] 他認為中國經常使用的一些字眼並不是很恰當的，比如"十年寒窗"的提法，即要學生苦讀。假如一個人覺得讀書很苦，要把學問做得好，要出成果，恐怕是很困難的。對一件事情有興趣，才有可能在這件事情上取得很大成就。一個人要出成果，因素之一就是要順乎自己的興趣，然後再結合社會上的需要來發展自己的特長。有了興趣，"苦"就不是苦了，而是樂。到了這個境地，工作就容易出成果了。[28]

楊振寧的意見值得我們思考：學校在安排學生專業的時候，有沒有把他們的興趣因素放在一個適當的位置；學生在選擇自己的專業時，有沒有充分地結合自己的興趣。

（四）博和專

楊振寧是一個物理學家，他在理論物理上的卓越成就是世界矚目的。他最大的貢獻並不是已經獲得諾貝爾獎的宇稱不守恆研究，

---

[27] 《楊振寧教授談讀書教學四十年》，《光明日報》。

[28] 聶華桐：《我所知道的楊振寧》，《物理》1984年第6期。

而是規範場理論：楊振寧—米爾斯非阿貝爾規範場數學結構。物理
學研究四種基本的力的相互作用，電磁作用、萬有引力作用、弱
作用和強作用，規範場理論合理地統一了所有力的相互作用。1979
年，美國學者格拉肖、溫伯格和薩拉姆以楊—米爾斯數學結構為基
礎提出的弱作用理論獲得了諾貝爾獎；[29] 1984年，意大利學者魯比
亞和荷蘭學者范德米因發現重光子——一種傳遞弱力與電磁力的粒
子——榮獲諾貝爾獎，而重光子的發現，也證明了在自然界，弱
力和電磁力可以統一在共同的基礎上。[30] 這些證實了楊—米爾斯規
範場不但是一個漂亮的理論，更重要的是，它符合實驗的結果。現
在，世界上關於規範場的科學論文，每年在1000篇以上。[31] 因此，
美國和其他國家的一些科學家認為，楊振寧應得第二次諾貝爾獎。[32]
有人認為，他是愛因斯坦之後，最有貢獻的理論物理學家之一。[33]

但是，光看到他在物理上的成就是不夠的，他同時又是一個興
趣廣泛、知識淵博的百科全書式的學者。有的美國學者說他知道許
多不應該知道的事情。[34] 他對中國的古典文學、歷史，對傳記和考
古——中國以及埃及和其他許多地方的文物古跡都很了解，他還愛
好音樂、藝術和攝影。有一次，他遊覽日本奈良古跡，觸景生情，

---

[29] 潘國駒：《楊振寧該獲第二次諾貝爾獎》，馬來西亞《星洲日報》，轉引自
《臺灣與海外文摘》1985年第7期。

[30] 潘國駒：《楊振寧該獲第二次諾貝爾獎》，馬來西亞《星洲日報》。

[31] 《卓有成效的合作》，《文匯報》1978年8月7日。

[32] 潘國駒：《楊振寧該獲第二次諾貝爾獎》，馬來西亞《星洲日報》。

[33] 聶華桐：《我所知道的楊振寧》，《物理》。

[34] 薛福康：《楊振寧教授談人才培養》，《光明日報》。

一字不漏地將李商隱的長詩寫了下來；在參觀巴黎蓬皮杜博物館的現代畫廊時，他很具體系統地向同行者介紹現代畫的不同人物、不同派別以及他們各自的特點。[35] 1978年，他飛越西藏高原，目睹大自然美景，即興抒情，寫了兩首七絕《時間與空間》。[36]

楊振寧認為，中國的高等教育使學生向專的方向發展，有好處，也有不足之處。太專了，不容易鼓勵學生向科學技術和工農業生產中活躍的領域去發展。[37] 他說："我感到，在唸書的時候，學習的面比較廣一些，後來通過比較廣泛的接觸，向各個方面發展，這種方法容易出研究成果，效率也較高。"[38] 他經常教導中國留學人員，要把視野像天線一樣放開，發現了新東西就要一下抓住，吸收為自己的學問。他鼓勵留學生堅持去聽自己專業以外的各種通俗講座。他說，聽不懂沒關係，硬著頭皮去聽，在基本不懂的情況下爭取從中抓住能學得到的東西。[39]

楊振寧在正確處理博與專的關係方面，為人們樹立了一個好榜樣。當然，並不是每個人都能成為像他那樣的百科全書式的人才的。博到什麼程度，專到什麼程度，博與專結合到什麼程度，都應視各人的具體情況而定。然而，博專結合作為一種原則，則是每個希望成才的人都必須牢記的。過早的專，缺少博為基礎的專，是難以培養出出色人才的。

---

[35] 聶華桐：《我所知道的楊振寧》，《物理》。

[36] 王緒圻：《諾貝爾獎金獲得者楊振寧》，《人民日報》1985年7月3日。

[37] 薛福康：《楊振寧教授談人才培養》，《光明日報》。

[38] 薛福康：《楊振寧教授談人才培養》，《光明日報》。

[39] 薛福康：《楊振寧教授談人才培養》，《光明日報》。

（五）學習方法

針對中國學生讀書比較"死"的特點，楊振寧提出了以下幾種學習方法。

第一，儘量多讀參考書，博覽群書，擴大知識面。他指出，只要時間和能力允許，一般來說，讀書越多肯定對學習越有好處。有些事物和學問並非一開始就被人們懂得和理解，但是只要持之以恆，知識豐富了，終能發現其奧秘。[40]

第二，不要死鑽牛角尖。他說，對於一個課題，如果經過長時間的鑽研仍然解答不了，不妨暫時擱一下，換一個新的題目。經過一段時間，有了新的啟發，原來解答不了的難題便可能迎刃而解。[41]

第三，採用"滲透性"方法。他說，有兩種對應的學習方法，一種叫作"滲透法"，另一種叫作"按部就班"。知識是互相滲透和擴展的，知識的積累更是如此。知識往往在你不知不覺、似懂非懂中積累和豐富起來。不要害怕打破那種"按部就班"的常規。[42]

第四，推演法和歸納法結合，更注重歸納法。他在西南聯大讀書時，學習方法主要是推演法，是從數學推演到物理的方法。到美國芝加哥大學以後，他跟導師泰勒學習，使用的是倒過來的方法，從物理現象引導出數學的表示方法。他認為兩個地方的教育都對他以後的工作有決定性的作用。但是，儘管推演法的學習使他打下了

---

[40] 楊振寧：《科技人才培養和學校、科研機構的管理》，《人民日報》。
[41] 錢文福：《培養獨立思考有獨到見解和獨立研究的能力》，《人民日報》1982年6月24日。
[42] 錢文福：《培養獨立思考有獨到見解和獨立研究的能力》，《人民日報》。

做學問的扎實基礎，他卻更看重歸納法的學習。他說，歸納法的起點是物理現象，從這個方向出發，不易陷入形式化的泥坑。對於今天中國物理學教學體制的更改，他感到很高興，他指出：多增加一些不絕對嚴密的、注重歸納法的課，對於學習會有很多好處。[43]

　　以上四點學習方法，是楊振寧針對中國的特殊情況提出來的，切中時弊，讀了令人產生切膚之感。特別是"滲透"一法，更值得習慣於"按部就班"的我國教育者和受教育者斟酌採納。

（六）合作與交流

　　楊振寧認為，搞學術研究的人不僅要善於獨立思考，也要善於吸收別人的東西。他說："在科學研究中，如果沒有與別人合作交流，只是自己埋頭鑽研，視野不開闊，在科學道路上就難免有侷限性，還容易發生偏差。""一個國家要登上世界科學的高峰，沒有廣泛的交流與合作是不可能的。我們從事科學工作的人都應該認識到這種科學發展的趨勢。"他認為，合作與交流，不僅應在本學科內進行，也可以涉及外學科。他介紹說，在他所在的大學裏，經他倡議，每星期二舉行一次特別的集會，稱為"非正式討論會"。會上，化學家、物理學家、經濟學家、醫學專家等各方面的學者各自交流自己領域學術研究的情況。這種介紹不很專門，一般大家都能聽懂。他說，這對於各學科的研究都有啟發，使大家了解其他學科的發展方向，對於溝通各學科間的情況，促進科學的發展，大

---

[43] 《楊振寧教授談讀書教學四十年》，《光明日報》。

有好處。[44] 他本人經常到世界各地去，走到哪裏，就同哪裏的科學家進行學術交流。他說："在許多合作中，與復旦大學的合作是廣泛的，規模也是較大的。在我的經驗中是最有成效的合作中的一個。"[45] 在國內，他擔任了北京大學、復旦大學、華東師範大學等院校的名譽教授，目的之一就是為了加強交流。

　　在我國，知識界的合作交流理應開展得比較好。我們的體制為這種合作交流提供了條件和保障。但令人遺憾的是，由於受到傳統陋習的影響，門戶之見、互相封鎖、同行相輕或隔行如隔山的情況並不少見。為了國家和民族的昌盛，現在是清除這類陋習的時候了。

　　楊振寧對我國新時期人才培養的關心可能出於這樣兩個主要原因：其一，他對於曾經度過了青少年時代的出生地懷有深厚的感情。他想念親人，懷戀舊時的老師、同學，希望中國人民生活幸福，國家繁榮昌盛，在科技方面擺脫落後的面貌，趕上世界先進潮流。用一位美籍華裔學者的話來說，他是一個牢記根本的人；[46] 他1945年赴美，1964年才入美國籍，他留在美國，心裏非常矛盾。[47] 尼克松訪華後，他即數次到中國，並在美國和世界各國做訪華報告，為海外華人理解中國，為中國外交政策的勝利，做出了貢獻。[48]

---

[44] 《卓有成效的合作》，《文匯報》。

[45] 《卓有成效的合作》，《文匯報》。

[46] 聶華桐：《我所知道的楊振寧》，《物理》。

[47] 聶華桐：《我所知道的楊振寧》，《物理》。

[48] 聶華桐：《我所知道的楊振寧》，《物理》。

他這麼做在當時是冒風險的。[49] 他出任由何炳棣、任之恭教授發起的全美華人協會會長，對在美華人儘可能予以關心。[50] 其二，他對於中國在新的歷史時期所實行的政策、方針非常支持，經常稱讚。[51] 他認為，中國近年來取得了巨大的進步，原因之一是有"穩定正確的指導思想"。[52] 這也許是他近年來更加頻繁地訪問中國，更加熱心於中國的科技和教育事業的重要因素吧。

---

[49] 臺灣《中共研究》雜誌社出版的《一九七三年中共報》說："楊振寧三年（1971至1973年——作者）共去大陸四次，探親奔喪是事實，但所用時間非常少，由中共安排的活動所花時間卻非常多。返美後，公開發表五篇親共言論，影響不能說不大。"

[50] 聶華桐：《我所知道的楊振寧》，《物理》。

[51] 《楊振寧稱讚我科技方針》，《人民日報》。

[52] 楊振寧：《在北大受聘儀式上的講話》，香港《大公報》1985年1月4日。

我所認識的楊振寧先生[*]

李昕

　　我和楊振寧先生算是有一點緣分，說出來，雖不免高攀之嫌，卻也的確都是事實：首先，他和我都是清華園的子弟，父輩都在清華任教，儘管他父親是更老的教授，比我父親年長18歲；其次，我們的家都曾在清華西院，他住過11號，我住過35號，一模一樣的房子，相鄰不過百米，只是我家入住時，他家早已搬走多時；其三，我與他上過同一所小學，算是校友，儘管楊先生上學時學校名為成志學校，等到我上學時，校名已改為清華附小，但舉行校慶活動時，楊先生和我都會去參加；其四，我和他是同一天生日，而且他整整比我大30歲。

　　關於最後這一條，我特地與楊先生核實過。一次見面時我談起這個巧合，楊先生笑笑說："你是指的10月1日吧？我通常對人那麼

---

[*] 本文原載《晶報》2015年3月2日、3日。

說，是因為把生日和國慶節放一起過比較省事。"我說："這我知道，我的生日是9月22日。"楊先生點點頭，很認真地說："這個日子是對的。"

當然，真正與楊先生交往，還是得從我為他編書說起。

一

在眾多自然科學家中，楊先生是一位極有人文關懷的老知識分子。他思想敏銳，關注現實，喜歡發表自己的獨立見解。他的文章也寫得漂亮，文字乾淨簡潔，字裏行間富於情感。所以，在我們眼中，楊先生在物理學家之外，還是一位人文學者和作家。幾十年來，三聯的編輯一直對他保持關注。20世紀80年代，楊先生寫了《讀書教學四十年》，先在香港三聯出版，繼而又在北京三聯發行。

此後，楊先生一直與我們保持聯繫，無論在香港，還是在北京。我們舉辦店慶活動，他到場祝賀；我們組織中國文化論壇，他來演講。我們也多次詢問楊先生，有什麼新作可以交給我們出版。楊先生的著作分為兩類，有一類是自然科學論文，編入《楊振寧論文選集》，這類文章與三聯書店的出版風格不合，所以我們沒有考慮出版，我們期待的，是他的散文隨筆或回憶錄一類的文字。

2005年，我在網上看到一條關於楊先生的訪問記。當時楊先生和翁帆結婚不久，很多記者關注他們結婚後的生活怎麼樣，翁帆在幹什麼。楊先生說："翁帆的英文很好，她在給我做翻譯，我原來一些文章是用英文寫的，自己也沒力量去整理，現在翁帆幫助我翻譯成中文。"他還說，他覺得這些文章譯成中文給中國讀者看很有意思。我當時就想，這可能是一本新書。

我馬上打電話跟他聯繫，告訴他三聯書店願意把翁帆的譯文編成書出版。楊先生當時還沒有想過出書的事情，一聽我說，立刻愉快地答應了。我對他說，這本書可以署名"楊振寧著、翁帆編譯"，作為你們兩人合作的成果。楊先生聽了很高興，他大概也會覺得，他和翁帆結婚以後，兩人以合作編書的形式亮相，是一個比較理想的選擇。

編輯這本書大約用了兩年時間，楊先生的嚴謹和認真給我們留下了深刻的印象。雖然是一本散文隨筆集，但楊先生完全是以編輯科學論文的態度來工作的。他在每篇稿子上都加上了只有他自己看得懂的科學符號，然後告訴我們，書稿的目錄和次序是他親自編定的，不可以隨意調換。對於文中某個詞應當如何翻譯，他會與翁帆再三討論、反復斟酌。我們原本希望快一點出書，但因為楊先生對書稿精益求精，出版日期便一拖再拖。

楊先生把這本書定名為《曙光集》，用翁帆的話來說，這本書記錄了"20多年間振寧的心路歷程——他走過的，他思考的，他了解的，他關心的，他熱愛的，以及他期望的一切"。為什麼用這個書名？楊先生解釋說："幸運地，中華民族終於走完了這個長夜，看見了曙光。我今年85歲，看不到天大亮了。翁帆答應替我看到。"這就是"周雖舊邦，其命維新"的情景。可見，這本書寄託了楊先生多麼深厚的家國情感。

　　這是一部極有價值的著作，出版後一定要舉辦一些宣傳推廣活動。我們內部商量了一下，決定就在三聯編輯部樓下的韜奮書店裏開發佈會。這個書店有一塊空場，大概可以容得下百來人。我們過去經常利用這個空間舉辦新書發佈活動。

　　於是我請責任編輯徐國強給楊先生打電話，告訴他發佈會的基本程序和安排。特別說到，有一些關鍵人物要楊先生親自出面邀請。他二話沒說就答應了。

　　楊先生是極認真的人，他曾詢問會議需要邀請多少嘉賓，編輯告訴他多多益善，楊先生就當作一件大事來做了。他真不愧是嚴謹的科學家，開列名單一絲不苟，用 EXCEL 表，編著序號，寫了好幾十人的名字傳真過來。名單上全是大人物，副委員長、政協副主席有很多位，部長有很多位，大科學家也有很多位。當時我在黨校學習，編輯把 EXCEL 表傳真給我時，我嚇了一大跳，看到排列在最後的一位被邀請人是江澤民。

　　我知道楊先生誤會了，馬上直接給他打電話。我對他說，新書發佈會不是這樣的開法，會場就在三聯自己的書店裏，沒有那麼大的排場，也請不了那麼多的嘉賓。到場的嘉賓、讀者和媒體人總共百十來人，至於嘉賓，只需要“您請三五位好友足矣”。楊先生聽了如釋重負，連說這樣最好。他說開這個名單可把他累壞了，挖空心思才想出這麼多人名，一直在抱怨我們給他出難題呢。

　　最後楊先生重新確定了嘉賓名單，他邀請了當時的全國人大常委會副委員長周光召、清華大學校長顧秉林，以及鄧稼先夫人許鹿希、新加坡世界科技出版公司總裁潘國駒，三聯方面則邀請了時

任中國出版集團總裁的聶震寧、中科院自然科學史研究所所長劉鈍
等，再加上楊振寧夫婦親自到場，陣容已十分強大。

　　但這次新書發佈會開得並不成功，對我們是一個教訓。我們驚
動了楊先生自己請人開發佈會，但沒有特別安排場地，結果秩序很
亂。開會時，書店裏的讀者一聽說楊振寧夫婦來了，一下子就圍了
上來，人滿為患，小小的場地擠得裏三層外三層。會議的程序是，
開始由我代表三聯致辭，接著中國出版集團總裁聶震寧致辭，然後
是周光召、顧秉林、許鹿希先生講話，最後楊振寧先生講話。大家
都講完以後，讀者自由提問。因為我們沒有事先策劃和設計，下面
的觀眾和媒體就隨便發問。當時楊振寧先生和翁帆女士結婚不久，
讀者和媒體還在好奇之中，結果提問中所有的話題都針對楊翁之
戀，而且有人提的問題很討厭，比如問楊先生：你比翁帆大那麼
多，你是否同意你去世以後翁帆再嫁？楊先生的風度和涵養令人敬
佩，他只淡淡一笑，很坦然地說："再嫁，沒問題。"結果第二天
好幾家報紙都是以"楊振寧同意死後翁帆再嫁"為大標題。事後我
到網上搜索，發現這場新書發佈會白開了：網上幾天內就有幾千條
報道，居然很少有人提到三聯書店，提到《曙光集》這本新書。

　　這事我沒敢告訴楊先生，怕他失望，怕他傷心。我對楊先生心
懷歉疚，不敢說，只是偷偷地採取了一些補救措施，諸如請他參加
中國出版集團在鄭州舉辦的讀者大會介紹《曙光集》，給他安排記
者單獨參訪，並為他聯繫在一些大學做演講等。楊先生很隨和，只
要時間許可，他總是儘可能滿足我們的要求。由於他的配合，《曙
光集》銷售得很不錯。

二

《曙光集》出版後，我們仍然和楊先生保持聯繫，希望出版他的新書。

有一次，楊振寧先生來電話約我們去清華高等研究院，說臺灣記者江才健寫了一本關於他的傳記，名為《規範與對稱之美——楊振寧傳》。這本書在臺灣出版過，在大陸沒有出，他很希望這本書有大陸版本，問三聯能不能出。我們表示，看看書再做決定。

用了兩個星期，我們幾個編輯都看了一下，發現此書雖然是楊振寧的完整傳記，但全書的重點顯然是在"楊李之爭"上面，也就是說，全書涉及楊振寧先生和李政道先生誰先發現宇稱不守恆理論方面的爭論用筆非常多。我們雖然早就知道楊李失和，他們的矛盾在專業圈內早已不是秘密，但是他們之間的爭論畢竟還沒有在國內的大眾出版物中公開化。我們想，在李政道先生沒有對公眾發聲的情況下，楊振寧先生率先出書講這件事恐怕不好。三聯也不該首先提起這個話題，畢竟楊先生和李先生都是國人格外敬重的大科學家。所以，我們再次去清華，把書稿奉還給楊振寧先生，告訴他，這書恐怕暫時不適合出版。

那天，楊先生顯得不是很高興。他皺著眉頭，很用心地聽我講完目前不適合出版的理由，然後對我說："其實這個問題，李政道早就公開講過了。"說罷，他轉過身，從書架上拿出一本書給我，那是西北某省一家科技出版社出版的李政道論文選。我翻了翻，書裏面確實有涉及"楊李之爭"的文章，再看版權頁，只印了

2000冊。我說："這本書能有什麼影響？恐怕沒有幾個讀者能看到它。"所以，還是沒有同意出版江才健的書。這一次，楊先生顯然對我們非常失望。

到了2010年，情況有了變化，季承出版了一本《李政道傳》。據說，也是經過李政道先生本人審定的。書中涉及"楊李之爭"，而且完全站在李政道的立場上，強調在獲得諾貝爾獎的研究中，李政道做的貢獻比楊振寧還大。說是李政道不但提出了基本設想，而且還通過激烈的辯論說服了原本持反對意見的楊振寧，最後李邀請楊加入研究，只讓楊承擔了一些計算方面的任務而已。如此說法和楊先生對當時情景的描述完全不同。這時我感覺到楊先生一定有話要說，而且輿論界也需要有楊先生的聲音。

季承的新書剛剛出版時，我就給楊振寧先生打了電話。我說了兩層意思。一是問他是不是看過季承的書，是不是願意接受訪談。如果願意，我可以請《三聯生活週刊》派記者。但楊先生說，訪談就不必了，他或許會寫一篇文章來回應（這就是我們後來在《中華讀書報》上讀到的那篇長文）。另一層意思，我對他說，如果他想出版江才健那本《規範與對稱之美——楊振寧傳》，現在可以考慮了，但那是本舊書，是臺灣2002年的版本，如果現在出，作者要修訂補充一下才好。我覺得，連楊先生和翁帆結婚都沒寫進去，作為楊先生的傳記顯然是不完整的，不增補就出版顯然不理想。楊先生說，找江才健修訂沒問題，但現在還有一個人，華中科技大學的楊建鄴教授也寫了一本《楊振寧傳》，你們也可以考慮。我知道楊建鄴先生既是很有名的科普作家，又是物理學的專業人士，對楊先生的學術有比較深刻的了解。他寫的這一本，文采不一定比得上江才健，但描述和評論可能會比較內行。我問楊振寧先生：您說這兩本書哪本更好？我來出版。楊先生說希望兩本都出。我說，這恐怕不合慣例，三聯只能選一本。他說，那我說不出來，你自己定吧。

我沒辦法強求楊先生給我結論，正在猶疑之間，責任編輯說可以找楊先生的一位朋友幫忙。此人是香港中文大學的陳方正教授，他在三聯出了一本科學史方面的著作：《繼承與叛逆：現代科學為何出現於西方》，反響非常大，得了好幾個大獎。他是楊振寧先生很好的朋友，此時正好來北京。於是責任編輯就請他跟楊振寧先生談這件事。陳方正問楊先生：如果這兩本傳記只有一本能留下來成為傳世之作，您希望是哪一本？楊先生說，希望是楊建鄴那一本，因為這個人懂科學，對他在科學上的貢獻理解得更透徹。陳方正把楊先生的意見反饋給我們，我們馬上決定出版楊建鄴的《楊振寧傳》。我們的決定一做出，江才健的那本《規範與對稱之美 —— 楊振寧傳》立即被廣東一家出版社拿走。看來我們的動作還不算太慢，還有優先選擇權。

2011年9月，《楊振寧傳》出版，又要開新聞發佈會。為了防止出現混亂的場面，這次我們吸取教訓，把會議地點安排到華僑大廈，並且不發任何通知，不讓外面的讀者隨便參加，只是組織了30多家媒體。當然，這樣的會議也需要一些讀者參加，怎樣請呢？責任編輯與青年科學工作者的組織科學松鼠會聯繫，希望他們派出代表。因為楊先生是科學家，同時請來的嘉賓還有專程從香港飛來的數學大師丘成桐先生和科學史專家陳方正先生，以及當時已擔任國際科技史學會主席的劉鈍先生，他們需要和懂得科學的讀者對話。而科學松鼠會裏都是一些搞科學研究的年輕人，大多是博士、碩士，這些人不會像有些無聊的媒體那樣只關心無關痛癢的問題。

開會前，我和編輯、市場推廣部門一起商量，慎重起見，專門搞出一個策劃方案向楊先生匯報。楊先生對我們的策劃很滿意，但他也很警惕，聽說這個發佈會要請科學松鼠會的負責人姬十三來主持，他馬上問："他們會不會提一些 UFO 或者特異功能之類的問題？"我們說科學松鼠會是很嚴肅的，楊先生才放心。會上，科學松鼠會來了30多人，加上記者，一共有六七十人。我們讓科學松鼠會事前準備好提問的問題，他們把擬定的題目都給我們看了，共30個題目，在這個範圍內的問題可以隨便選，但不要出圈。最後問的問題都比較嚴肅，大多和科學家的治學和成長道路有關，楊先生、丘先生也回答了很多人生方面的問題。那場活動我們取名為"對話大師"，從頭至尾都很精彩。事後網上和紙媒的報道也很集中，關於《楊振寧傳》的報道也非常多，促銷作用很好，完全達到預期效果。

三

這裏要專門說說"楊李之爭"。由於季承的《李政道傳》影響非常大，所以，多數讀者都是根據該書的解釋，認為這場爭論是楊振寧先生挑起的。

　　其實，梳理一下相關史料就會發現，這場爭論從雙方緘口不言到各執一詞，從英文到中文，從國外到國內，從專業領域到大眾領域，逐步升級，源頭其實是在李政道先生那裏。

　　楊李二人是1962年分手的，本著"君子絕交，不出惡言"的原則，在一段時間裏，他們兩人都曾對分手的原因守口如瓶，哪怕是面對奧本海默的詢問，他們仍然保持緘默。

　　或許，兩人都希望把這個秘密堅守到底，誰也不想主動將矛盾公開。但是，基於兩人曾經有過的親密無間的合作，在談論往事的時候，誰都不可能迴避對方。在這種情況下，迴避，不論是否有意，都會對另一方構成傷害。

　　楊先生說，1962年以後，他有一個原則，就是除了家人以外，不和任何人談論他與李政道的關係。雖然有人傳話，告訴他李是如何強調自己在獲得諾貝爾獎研究中的主導性貢獻，他也沒有在意，以為或許是謠傳。但是，1979年，楊振寧在歐洲的一家圖書館偶然發現李政道1970年的一篇演講錄，題目是《弱相互作用的歷史》，這篇文章回顧了李和楊在獲得諾貝爾獎的關鍵研究中的合作，卻很少提及楊振寧在其中的作用。在敘述重大理論發現時，文章連續使用了四個"我"，諸如"我假設"、"我了解到"、"對我來說是這樣"，等等，似乎一切都是"我"主導的，而研究中的合作者只是一個無足輕重的人物。當然，或許李先生敘述的就是自己當時真實的感受和想法，但他沒有用"我們"做主語，便迴避了楊振寧在重大突破中的"在場"，這種表述引起了楊先生的不滿。後來，楊先生在1983年出版的《楊振寧論文選集》中，在一篇論文的評註裏提到了李先生這篇文章的"迴避",致使關於宇稱不守恆理論的發現以誰為主的爭論從此為業內所知。由於李先生引起爭端的演講錄收在一本英文的會議論文集裏面,很少有人可以讀到,所以一般讀者總會誤以為是《楊振寧論文選集》裏這條註釋挑起了事端。其實,我們所看到的史料表明,楊先生對此事緘口不言的時間長達21年,而李先生只有8年。

關於這場引來物理學觀念重大突破的研究究竟是誰主導,楊李兩人都言之鑿鑿,且都聲稱擁有"鐵證"。對此,不僅局外人難以做出判斷,哪怕是當年和他們有著密切合作的物理學家吳健雄、戴森等,也都無法置評。但是,從兩人各自敘述的合作過程來看,有一點是毫無疑問的,就是他們曾經互相激發靈感,互相促進思考,共同完成了一項偉大的科學發現。他們兩人,是天生一對,離開了任何一人,另一人都不可能獨立贏得這項榮譽。

令我感到有些不解的,是很多讀者輕信李政道先生和季承的說法,認為李在宇稱不守恆理論中的貢獻比楊大得多,進而貶低楊振寧先生的學術地位。甚至有人看了楊對兩人合作情況的說明後,認為楊是"試圖竊取"李的成果。儘管我也不能證明楊先生所言,說他自己當年在與李政道的合作中是"資深的一方",起著主導的作用,但是我從同時代的諸多著名物理學家包括李政道先生對楊先生的評價中,時時可以感受到楊先生作為20世紀最重要的物理學家的分量。

即使在兩人發生爭執的時候,李先生也沒有否認,楊先生"天賦具有高度評判能力的頭腦","是一位出色的物理學家"。而世界聞名的理論物理學家戴森，則直接推崇楊振寧先生是繼愛因斯坦和狄拉克之後為20世紀物理學樹立風格的一代大師。

為什麼戴森可以把楊先生提升到這樣的高度來評價？顯然不僅僅是因為楊李合作對宇稱不守恆理論做出重大突破了。楊先生還有更為重大的科學成就，那就是早在1954年他和米爾斯提出規範場理論（也被稱為"楊－米爾斯理論"）。雖然也是兩人合作，但是根據米爾斯的回憶，這項理論明白無誤是由楊先生主導的。所以，美利堅哲學學會1993年將富蘭克林獎章頒授給楊振寧先生，表彰他的成就是世界物理學中"最重要的事件"；美國富蘭克林學會1994年向楊先生頒授鮑爾獎，明確指出，楊先生的規範場所建立的理論模型，"已經排列在牛頓、麥克斯韋和愛因斯坦的工作之列，並肯定會對未來幾代人產生相類似的影響"。

所以，對楊先生來說，需要討論的根本不是他該不該和李政道先生一起獲得諾貝爾獎，而是他該不該再一次獲得諾貝爾獎的問題。對於此事，我原本也所知甚少，頭一次聽說，還是鄧稼先夫人許鹿希講的。

在我們舉辦《曙光集》的新書發佈會時，許鹿希先生特地趕來，做了一篇熱情洋溢的講話。其中有這樣一段：

> 鄧稼先對於楊振寧先生在學術上的造詣十分推崇。他多次對我和朋友們說："如果不是諾貝爾獎規定每人只能在同一個領域獲得一次的話，楊振寧應當再獲得一次諾貝爾獎。你知道不，楊－Mills場，就是規範場，他在這方面造詣非常高。它比起宇稱不守恆來，對物理學的貢獻還要基本，意義還要深遠。它不但影響當代，其前瞻性是以世紀來論的。"

　　且不說楊先生的理論建樹，除了規範場論之外，還有60年代的楊—巴克斯特方程，光是聽了鄧稼先上面這些話，我就感到，"楊李之爭"對於楊振寧先生來說，其實可以看得很輕。

四

　　楊振寧先生從2004年以後抱定葉落歸根的理念，定居北京清華園內。他以大師的身份，給大學一年級學生講基礎物理學課程，並經常參加各種活動，舉辦講座，面對媒體。他極為關心社會事務，關注中國的現實問題，對於中國教育、科技和文化問題都自己的思考和見解。但是，當他發表見解時，常常會惹來爭論。

　　譬如，他談論《易經》對中國人的思維方式造成的影響，甚至認為它是中國近代科學未能發展起來的原因之一，這個觀點語驚四座，曾遭到眾多國學家、易學家的圍攻。再如，他認為中國的大學本科教育比較成功，中國的大學對社會的貢獻比美國的大學更大，也引來了一些專家和網友的惡評。其實，如果楊先生是一位普通學者，如果他的看法被當作學術上的一家之見，那麼這些觀點雖然未必得到認同，卻也不足為怪，至少不會成為眾矢之的。原因就在於楊先生的聲望和地位太高了，而他的學術觀點，讀者也不一定會當作學術觀點來看待了。

　　楊先生被一些網民批評，很重要的原因在於他的言論總是為中國辯護，為當前的社會現實辯護，為中國的改革發展辯護。有人認為他的言論是為了取悅某些人，進一步說，是一種投機。但是這些人可能並不了解，楊先生的愛國，是愛到骨子裏的，而且是一貫的、永遠不變的。我在與楊先生的接觸中，無論談論什麼話題，他都從不迴避，願意正面"接招"，而且敢於直言。這可能和他科學家的思維方式有關，他不喜歡繞圈子。當然談論中國的社會現實，不免會涉及陰暗的方面，楊先生並不否認問題的存在，但是他對未來總是抱有信心，話語間自覺不自覺地為中國的進步和發展辯護。比如說，他對今天中國的強力反腐和全面深化改革高度評價。2014年8月，時任清華大學校長的陳吉寧宴請美國學者傅高義先生，邀楊先生和翁帆作陪，我有幸也在座。那天傅先生和楊先生從毛澤東、鄧小平、胡耀邦一直說到習近平，兩人觀點有異有同，但楊先生一句話做了結語，他說："如果沒有毛澤東，中國不會是今天這樣；如果沒有鄧小平，中國也不會是今天這樣；50年後，人們可能會說，如果沒有習近平，中國也不會是今天這樣。"從這些話語中，你可以感覺到楊先生對中國未來的希望和信心，這是他為中國辯護的依據。

楊先生習慣性地為中國的進步而辯護，這已經成為他性格的一部分。這與他從小接受父親的愛國主義思想影響有關，也與他作為華人在美國長期受到歧視的境遇有關。1971年，楊先生作為第一位歸國探親的美籍華人科學家，受到毛澤東主席和周恩來總理的接見。回美國後，正值保釣運動在留美學界興起，楊先生在保釣學生中發表了題為"我對中華人民共和國的印象"的演講，轟動異常。他和歷史學家何炳棣、數學家陳省身都堅決支持保釣運動，被稱為運動的精神導師。儘管楊先生身處那樣的時代，宣傳新中國不免帶著"左傾"思潮的印記，但他的一片赤子之心，是感人至深的。我看過當年臺灣赴美留學生寫的回憶錄，其中談到楊振寧先生在保釣運動中的影響力，征服了許多臺灣學生。統計數字表明，當時的臺灣留美學生竟然多數表示自己學成後要到大陸工作定居。

從那時起，楊先生"力挺中國"的立場就從未變過。或許，他也有偏限性、片面性；或許，在複雜的時代背景下，他的某個觀點不免帶有幾分"天真"；或許，他的判斷也不一定都是準確的。你可以不同意他的觀點，你可以不接受他的任何影響，但是，你不應該懷疑他的真誠。

有人研究胡適先生，發現胡適有一個重要特點，就是一輩子沒有改變自己的自由主義理念。年輕時怎麼說，老年時還是怎麼說，無論什麼時期，無論誰執政，都是一樣說，只是有時多說幾句，有時少說幾句而已。無論你是否贊同胡適的主張，胡適作為學者的這種堅持都特別令人敬重。反觀楊振寧先生，他也有自己的信仰和堅持，幾十年如一日，希望中國強盛，為中國的進步鼓與呼，這不是同樣難能可貴嗎？

這種堅持，背後支撐的是人格的力量。說到人格，我只講三個小例子：

一是我見到楊先生在莫言獲得諾貝爾文學獎之後兩人所做的一次對話。我注意到，對莫言的獲獎，楊先生是那麼真誠、由衷地感到欣喜。其實，楊先生一直期望中國有人獲得諾獎。他認為，中國人對於世界的貢獻，在很多方面只是需要世界來重新認識罷了。我幾次和楊先生聊天，他都對我談起此事。比如有一次他提到有一位姓彭的生物學家（名字我沒有記住），說英國的自然雜誌有文章專門介紹他，這個人值得關注，可能不久會獲得諾貝爾獎。又有一次他提起醫學方面的屠呦呦，她40年前發現的青蒿素，對瘧疾百分之百有效，性能超過奎寧。2011年她獲得了美國的一個小獎（拉斯克獎），這個小獎雖然不為外界所知，但在生物學界很權威，通常獲了這個獎的，50%以上在第二年或第三年就會得諾貝爾獎，所以他抱以期待。還有一次，我在網上發現楊先生1973年11月寫給時任中國科學院院長的郭沫若的一封信，內容是瑞典科學院要他提名1974年度諾貝爾獎候選人，他認為中國科學院和北京大學合作於1965年在世界上首次合成的結晶胰島素有競爭化學獎的實力，他希望郭沫若告訴他這個項目的主要承擔者是誰，提供不超過三名科學家的名單，由他來向瑞典方面推薦。不過由於當時政治環境的限制，中科院接信後請示有關領導，婉拒了楊先生的好意。這事我曾向楊先生核實，他表示確有其事。我想，作為諾貝爾獎的獲得者，楊先生一直如此盼望其他人獲獎，這表明他的內心是純淨和質樸的。

另一個故事，是北島的夫人甘琦講給我聽的。我原來不知他們認識，誰知甘琦說，楊振寧先生是她家的貴人：大約十幾年前在美國，楊先生曾主動找到北島的家，在門上貼條說："北島，我喜歡你的詩，咱們可否認識一下？"從此他們成為朋友。北島當時由於某種特殊原因無法回國，楊先生曾為他奔走。2002年，北島獲知父親病重消息，準備回京探望，卻未獲准。楊先生便寫信給中央有關領導，替北島求情，仍未能如願。楊先生於是親自前往北京304醫院探望與他同歲的北島父親，此事引起醫院震動。北島第一次回國探親即與此有關。因為醫院認為，楊振寧代表北島去看望父親，這事情太大了，便向上面做了匯報。於是上層有人表了態，同意北島探親。甘琦說得很動情，使人了解了楊先生的真性情，對他肅然起敬。

第三件小事，還是那天在清華大學和傅高義先生會面的事，楊振寧和傅高義談論的話題非常廣泛，從國際關係到中外文化交流，一直談到中國文化研究。這時楊先生忽然問傅高義：你和余英時關係如何？他說，在中國文化研究方面，余英時是海外數一數二的大家了，可是他30多年來沒有再回過中國。楊先生希望傅高義能夠從中勸說，促成余先生回國。他認為，余先生回國，便於解除余先生和祖國大陸之間不應有的誤解。清華大學校長當場表示，願意邀請余先生來做講座。我想，楊先生一定了解余英時"沒有鄉愁"的固執，也深知余英時與自己的理念有著諸多不同，但他對余先生仍然是敬重和欽佩的，這種判斷和評價，大概是基於他作為嚴肅的科學家所固有的正直品格吧。

五

有關楊先生最多的議論，恐怕是集中在他和翁帆的婚姻上面。的確，兩人年齡相差54歲。據此，網上有很多惡搞的言論，還無中生有地編排出了一些惡作劇的段子。這些，只能視為世俗觀念對於一場脫俗的愛情的本能抵制，是無損於愛情本身的正當性和純潔性的。

　　我們的網友們太注重婚姻的外在條件了。時至今日，強調相戀的男女必須門當戶對，或者兩人的社會地位、經濟地位相稱，否則就是不般配，這種觀點相信已經得不到多數人認同。那麼，同樣屬於外在條件，兩人的年齡差距就是愛情不可逾越的鴻溝嗎？恐怕也不盡然。

　　他們年齡的差距，不在於翁帆的年輕，而在於楊先生的"年老"。82歲，的確是高齡了，但是人的年輕和年老，重要的在於心態。楊先生的心態，一直保持青春不老，這是他能夠吸引翁帆的重要原因。他關心社會，關注人生，對周邊發生的一切永遠保持興趣，求知欲極強，還像青年人一樣熱愛學習。他與翁帆有共同的愛好，喜歡聽音樂，熱愛文學。我和楊先生有過多次近距離的接觸，談天之中，根本就感覺不到他的年齡。翁帆也說過類似的話。翁帆說，她和楊先生是一對非常好的朋友，共同語言很多，因而生活中的樂趣也很多。就身體狀況來說，楊先生體力甚好，82歲時和翁帆逛公園，還一起騎雙人自行車，楊先生在前，翁帆在後，一路拉風，歡快異常。如今，他們已經結婚10年，楊先生92歲，除了增加了一支拐棍以外，沒有什麼變化，他還是精神矍鑠、思維敏捷，走起路來腰板照樣挺直。

　　這樣的老人怎麼不適合再婚？當然，更重要的是他們心中有愛。婚姻是愛情的結果。媒體上常常介紹，說他們夫唱婦隨、相敬如賓，講他們出席各種活動，永遠是同出同入，手牽著手，而且"十指相扣"——這個動作被記者們敏感地捕捉到了。作為見證人，我可以證明記者所言非虛，而且我還要說，假如你看到他們就會明白，這個動作，絕不是刻意的，而是自然而然的，發自內心的，以至於成為一種習慣：只要兩人一起出行，必定如此。作為一對戀人，這個動作本不足為怪，但大家是否想到，他們已經"十指相扣"了整整10年？！那些在網上妄議的人們，可否反躬自問，在你們自己的理想婚姻中，是否也有過10年"十指相扣"的經歷？這裏，我不由得想起一句俗語："鞋子舒服不舒服，只有腳知道。"楊先生和翁帆是否幸福，的確不是別人可以妄加評判的。

除此之外，鑒於自己和楊先生夫婦的親身接觸，我還能體會到他們之間那種更為深切的依戀。他們在一起吃飯、談話時的那種互動，表情的交流，眼神的交換，都的的確確可以使你感到彼此相互體貼的溫情。翁帆對楊先生關愛備至，細心至極。吃飯時，她總是挑選適合楊先生食用的菜品，夾到楊先生的碟子裏。如果是吃蝦吃蟹，翁帆會親自剝掉蝦或蟹的硬皮，把蝦肉或蟹肉給楊先生食用。平時在家裏，翁帆會安排好楊先生的作息和飲食，親自煲湯煮粥，幫助楊先生調理好身體。結婚10年，楊先生身體依然健朗，翁帆功莫大焉。

愛是相互的，楊先生對翁帆也是格外尊重和關愛。2008年，我們請楊先生去鄭州越秀講壇和鄭州大學演講，那一天給他安排了上下午各一場活動。上午演講後，我們準備請楊先生就近在越秀酒樓吃午飯，然後送他回賓館小息，下午再接他去鄭州大學。因為楊先生的演講翁帆聽過多次，她表示，今天就不聽了，自己待在賓館，中午飯也自己吃。可到了中午吃飯時，楊先生見翁帆不在場，就執意要去賓館接她。我對楊先生說，您下午還有課，現在休息一會吧，我去接。楊先生不同意，一定要親自去接。於是我們等了半個多小時，才看到楊先生和翁帆兩人十指相扣地從汽車裏走出來。一時大家都有些感動。

講到這裏，我想起一個小插曲。仍然是那一次陪楊先生去鄭州，因為要在越秀酒樓裏的越秀講壇做演講，酒樓的老板崔先生非常重視。楊先生到達鄭州時，他一定要親自到機場去迎接。他用了兩輛嶄新的轎車：一輛是他自己的座駕，那是一輛奧迪；另一輛是奔馳。他說，把自己的奧迪給楊先生夫婦用，他這一趟坐奔馳。我有些奇怪，奔馳的規格豈不更高？就問崔先生，為什麼要讓楊先生夫婦坐奧迪？崔先生說，你看看奧迪的車號吧。我一看，那車號尾數是22222。崔先生此時笑起來，說："你不懂了吧，這就是：愛愛愛愛愛。"我心想，他可真是有心人呀。

沒錯，楊先生和翁帆，他們心中是有愛的。祝福他們。

2014年12月23日初稿
2015年1月9日定稿

楊振寧　盛名之下[*]

劉磊

　　盛名之下的楊振寧是一位諾貝爾獎獲得者，但專業領域之外很少有人知道，他是20世紀以來的物理學史上僅次於愛因斯坦的世界級物理學大師之一。

　　離開故鄉多年的諾貝爾獎獲得者，重回故鄉之後，遇到的並不全是溫情和善意。人們談論起他，也許首先想到的是晚年那段年齡懸殊的婚姻，有關科學的美和奧秘的故事卻令人遺憾地被忽略了。

坐在我的左邊

　　都是回憶。推開大禮堂的門，還能聞到小時候的味道，每個禮拜六父母親帶他到裏面看電影。第一部電影的細節還清楚地記得，

[*] 本文原載《人物》雜誌2017年6月。

片子講的是1929年美國經濟危機中一個資本家的故事。躲避通緝的資本家藏身在一個很小的地方，聖誕節時，外邊下了雪，他窮途潦倒，"走回到他家的那條街，窗戶裏頭，看見了他的太太跟他的孩子們，看見了聖誕樹"。老體育館是孩子們經常去的地方。那時候清華大學每年都要舉辦北平市大學生運動會，總是人山人海。他們一幫清華園裏教授家的孩子就自發組成啦啦隊，給清華的運動員吶喊助威。

楊振寧先生拄著手杖在校園裏走著，每次經過這些地方，從前的情景就出現了。他95歲，人生繞了一圈，又回到了起點。路邊的槐樹和銀杏繼續繁盛著，身邊走過的是正值青春的學生們，也有父母牽著的七八歲的孩子，就像80多年前他和他的小夥伴們。近一個世紀的時光似乎只是刹那。

與大多數睡眠少的老人不同，楊振寧現在還可以像年輕人一樣"睡懶覺"，早上9點多鐘起床，處理一些郵件，中飯後再睡一兩個小時午覺，下午四五點鐘出現在距家一公里的清華園科學館辦公室裏。晚上，有時和翁帆在家裏剪輯一些家庭錄影，素材的時間已經跨越了大半個世紀，年輕時他用攝影機記錄了很多家庭時光。2013年一次背痛入院後，他不能再進行長途旅行了，"太累的話，背便容易出毛病"——也許因為年輕時太喜歡打壁球受了傷，也許只是時間不曾放過任何一個身體。他現在怕冷，常常要泡泡熱水澡，家裏的浴室和衛生間裏都裝上了扶手以保障他的安全。

"你坐在我的左邊。"楊振寧對《人物》記者說。他的左耳聽力更好一些——依然需要借助助聽器。但在很多方面他又完全不像一個95歲的老人——他有一雙依然明亮的眼睛，說話時聲音洪亮，思維敏捷，幾十年前的細節回憶起來一點也不吃力。採訪中，每當遇到他需要思考一下的問題，他總是略微擡起頭，凝神靜思，認真得像一個孩子。

辦公室乍看上去並無特殊，但房間裏的一些物件透露出主人的特殊身份。比如墻上掛著一幅字——"仰觀宇宙之大，俯察粒子之微"，落款莫言。楊振寧讀過莫言的小說，但他對現實世界發生的事情更感興趣，最近關注更多的是國際大勢，比如特朗普"要把整個世界帶到什麼地方去"。有時看到了他覺得好的文章，他會通過郵件分享給十幾個關係密切的身邊人。

楊振寧每天會看看央視和鳳凰衛視的新聞。這是他很早就有的習慣。在弟弟楊振漢的記憶中，他早年在美國時，每天都要看《紐約時報》、《華盛頓郵報》、《國際先驅論壇報》，"很快地翻，看看這裏面有沒有什麼（時局）變動"。他是1949年後最早回國訪問的華裔科學家，也是在報上看到的消息——1971年，《紐約時報》一個不起眼的地方刊登了一則美國政府公告，他從中發現了中美外交關係"解凍的跡象"。

2003年，相伴53年的太太杜致禮去世後，楊振寧從美國回到他從小長大的清華園定居。如今的清華在某些方面已經完全不是他記憶中的樣子了。幾個月前，好友吉姆·西蒙斯夫婦來北京看望他和翁帆，在清華住了幾天。西蒙斯是他在紐約州立大學石溪分校時的數學家同事，後來成為"傳奇對衝基金之王"。有一天，西蒙斯的太太問楊振寧：Frank（楊振寧的英文名），你不是在清華園裏長大的嗎？你小時候住的地方還在不在？帶我們去看看。當年楊家住在西苑11號一個約200平方米的四合院裏。楊振寧帶他們去看時，發現大門已經不能辨認了，一家人住的院子如今住進了5戶人家，寬敞的院子成了黑黢黢的七里八拐的小胡同。

"後來我想，是不是給美國人看有點寒磣，可是又一想啊，不是，非常好，為什麼呢？使得他們了解到中國要變成今天這樣子，不容易。"在清華園裏種種複雜的感受，楊振寧歸為一點：他經歷了一個不尋常的"大時代"。

採訪那天，攝影師請他倚在科學館樓梯拐角的窗前，這幢建於1918年的磚紅色歐式三層小樓，曾經也是任清華算學系教授的父親的辦公地。烏黑色的窗櫺縱橫交錯，窗外是初夏滿眼生機的綠色，舊時光似乎還在昨日。

Great Scientist

科學館的辦公室裏放著一塊小小的黑色大理石立方體，這是清華大學送給楊振寧的90歲生日禮物。4個側面依次刻上了他這一生在物理學領域的13項主要貢獻，其中最重要的有3項，分別是1954年與米爾斯合作的楊－米爾斯定律（或曰非阿貝爾規範場理論）、1956年與李政道合作的宇稱不守恆定律和1967年的楊－巴克斯特方程。

毋庸置疑，楊振寧是20世紀最重要的物理學家之一。但對於普通人來說，理解一位理論物理學家的貢獻也許實在太難了。著名華裔物理學家、MIT數學系教授鄭洪向《人物》提供了一個形象的說明：物理學界有一個通俗的說法，諾貝爾獎分為三等，第三等的貢獻是第二等的1%，第二等的貢獻是第一等的1%，60年前楊振寧與李政道因提出"弱相互相作用中宇稱不守恆"獲得的諾貝爾獎是其中的頭等——愛因斯坦是唯一的例外，特獎。

在許多物理學家的回憶中，1957年10月是興奮、激動和傳奇。美國科學院院士、著名超導體物理學家朱經武當時在中國臺灣中部一座"寂靜小城"讀高中，接下來的幾個月裏，他讀遍了所有能找到的有關楊振寧的報道，在教室和操場上不斷地和同學談論他們完全不懂的"宇稱不守恆"。佐治亞大學物理系教授鄒祖德12年後在英國利物浦一個很小的中國餐館吃飯時，聽到一個沒讀過什麼書的廚師和店主非常自豪地談起楊振寧的成就，"感慨萬分"。

鄭洪向《人物》回憶第一次接觸楊振寧的情景——那是1964年前後，他在普林斯頓大學做博士後，在普林斯頓高等研究院工作的楊振寧當時對他來說是"神話裏面的人物"——在一個中國同學會上，大家正在聊天、跳舞，突然有人說，楊振寧來了，"大家都轟動了"，紛紛站起身迎接楊振寧。

實際上，楊振寧最重要的工作並不是宇稱不守恆理論，而是楊－米爾斯理論，如果說前者讓他成為世界知名的科學家，後者才真正奠定了他一代大師的地位。楊－米爾斯理論被視為"深刻地重塑了"20世紀下半葉以來的物理學和現代幾何的發展。美國聲譽卓著的鮑爾獎在頒獎詞中稱："這個理論模型，已經躋身牛頓、麥克斯韋和愛因斯坦的工作之列，並必將對未來世代產生相當的影響。"量子電動力學奠基人之一、國際上備受景仰的著名物理學家弗里曼・戴森稱楊振寧為"繼愛因斯坦和狄拉克之後，20世紀物理學卓越的設計師"。

半個多世紀之後，互聯網時代的中國輿論場上，這位在國際上備受尊崇的"great scientist"、當年"神話裏面的人物"卻在遭受庸俗的解讀。因為與翁帆的婚姻，他像娛樂明星一樣被輕佻地談論，經過歪曲或刻意編造的偽事實也隨處可見。甚至有人編造翁帆父親娶了楊振寧孫女的謠言——這一謠言出現時，楊振寧的孫女才7歲。

人們似乎已經沒有耐心了解傳奇——他深邃的工作與普羅大眾之間的遙遠距離更加劇了這一點。

一位網友在指責楊振寧的留言後面連發了幾個反問："你聽說過楊－米爾斯理論嗎？你知道楊振寧在物理學上的建樹嗎？你知道楊振寧在物理學史上的地位嗎？"

答案多半都是否定的。

與楊振寧關係密切的中科院院士葛墨林氣憤不過，寫了一篇辟謠和解釋的文章，但被楊振寧壓下了。楊振寧回復他：除了討論物理，其他的事都不要管，我一輩子挨罵挨多了。"挨罵"是從他20世紀70年代走出書齋開始的。首先罵他的是中國臺灣方面和美國親國民黨的華人。1949年以後，美國華人社會中一直"左"、"右"對立。有親國民黨的報紙稱他是"統戰學家"，勸他"卿本佳人，好好回到物理界，潛心治學吧"。蘇聯也罵他，一份蘇聯報紙指控他是"北京在美國的第五縱隊"的一分子。

1971年，去國26年的楊振寧以美國公民身份第一次訪問中國，周恩來設宴招待。此後他幾乎每年都回國訪問，持續受到中國官方

A171　楊振寧　盛名之下　　　　　　　　　　　　　　　221

高規格禮遇。他敬佩毛澤東和鄧小平，對新中國抱有很多的希望和敬意。回國定居後，強烈的民族自豪感和家國情懷時常從他的公開發言中流露出來。一些人也因此批評他對當下體制批評太少，維護過多。

也許名聲的確是誤解的總和，圍繞楊振寧的各種聲音都對他缺乏真正的了解和理解。在《人民日報》的一次採訪中，楊振寧回應："我知道網上有些人對我有種種奇怪的非議，我想這裏頭有很複雜的成分。我的態度是只好不去管它了。"

但輿論在某些時刻還是影響了楊振寧的現實生活。

從美國回到清華後，他給120多位本科生開了一門"普通物理"。一位聽過這門課的清華學生回憶，楊振寧的課對於剛剛高中畢業的他們來說很難懂，後來讀博士時他才意識到，當年課上聽的是"武林高手"的"秘訣"。這門課只開了一學期，除了楊振寧的身體原因，也和他與翁帆的訂婚消息公佈之後媒體的"干擾"不無關係。一位記者在報道中描述了"最後一課"的場景："在一群保安的簇擁下，一個身穿黑呢子大衣的老人從走廊的盡頭走來，瘦弱的身材使他看上去顯得有些高大，頭髮上還散落著幾朵尚未融化的雪花。路面很滑，但老人的步伐卻並不比年輕人慢，一轉眼的工夫，就進入了教室。保安隨即迅速把門牢牢地關上，由於門上的玻璃被報紙覆蓋得嚴嚴實實，對於教室裏發生的一切，站在外面的人什麼都看不見。5分鐘之後，教室裏隱約傳來講課的聲音。"

"後來再要上課就比較有困難，"清華大學物理系主任朱邦芬有些遺憾，"原來我的希望是把整個大學物理能夠講完，但後來沒有講完。"

偉大的藝術家

簡潔深奧的方程式是物理學家與公眾之間的一道天然屏障。也許只有詩人可以做個勉強的助手。楊振寧曾經引用了兩首詩描述物理學家的工作，其中一首是威廉·布萊克的《天真的預言》：

> To see a World in a Grain of Sand
> And a Heaven in a Wild Flower.
> Hold Infinity in the palm of your hand
> And Eternity in an hour
> （一粒沙裏有一個世界
> 一朵花裏有一個天堂
> 把無窮無盡握於手掌
> 永恆寧非是刹那時光）

另一首是英國詩人蒲柏為牛頓寫下的墓誌銘：

> Nature and nature's law lay hid in light;
> God said, let Newton be! And all was light.
> （自然與自然規律為黑暗遮蔽
> 上帝說，請牛頓來！一切遂臻光明）

"我想在基本科學裏發現最深的美，最好的例子就是牛頓。100萬年以前的人類就已經了解到了太陽東邊出來西邊下去的這個規律。可是沒有懂的是什麼呢？是原來這些規律是有非常準確的數學結構的……這種美使得人類對自然有了一個新的認識，我認為這是從事科學研究的人最傾倒的美。"楊振寧說。

弗里曼・戴森稱楊振寧為"保守的革命者"，"在科學中摧毀一個舊的結構，比建立一個經得起考驗的新結構要容易得多。革命領袖可以分為兩類：像羅伯斯庇爾和列寧，他們摧毀的比創建的多；而像富蘭克林和華盛頓，他們建立的比摧毀的多"。楊振寧屬於後者。楊－米爾斯理論是這位"保守的革命者"建立的"經得起考驗的新結構"中最輝煌的一個。

像許多重要的理論一樣，楊－米爾斯理論得到驗證並被主流接受經歷了多年時間。剛發表時，物理史上的大物理學家泡利就因為論文中沒有解決的規範場量子質量問題一點也不看好它。引導楊振寧的正是他所傾心的美。楊振寧在多年後的論文後記中回憶："我們是否應該就規範場問題寫一篇文章？在我們心裏這從來就不是一個真正的問題。這個思想很美，當然應該發表。"

與很多科學家不同的一點是，楊振寧非常注重 taste 和風格，他喜歡用美、妙、優雅這一類的詞描述物理學家的工作。他說，一個做學問的人"要有大的成就，就要有相當清楚的 taste。就像做文學一樣，每個詩人都有自己的風格，各個科學家，也有自己的風格"。他這樣解釋科學研究怎麼會有風格："物理學的原理有它的結構。這個結構有它的美和妙的地方。而各個物理學工作者，對於這個結構的不同的美和妙的地方，有不同的感受。因為大家有不同的感受，所以每位工作者就會發展他自己獨特的研究方向和研究方法。也就是說，他會形成他自己的風格。"

關於 taste，楊振寧曾經舉過一個例子。在紐約州立大學石溪分校的時候，一位只有15歲的學生想進他的研究院，他和這位學生談話時發現，他很聰明，問了他幾個量子力學的問題都會回答，但是當問他："這些量子力學問題，哪一個你覺得是妙的？"他卻講不出來。楊振寧說："儘管他吸收了很多東西，可是他沒有發展成一個 taste……假如一個人在學了量子力學以後，他不覺得其中有的東西是重要的，有的東西是美妙的，有的東西是值得跟人辯論得面紅耳赤而不放手的，那我覺得他對這個東西並沒有真正學進去。"

或許在很大程度上受數學教授父親的影響，楊振寧一直對數學有審美上的偏愛。朱邦芬對《人物》說："比如我，我覺得數學是一種工具，只要能用就行，不一定非要對數學的很多很細微、很精妙的地方弄得很清楚……只要好用就用，是一種實用主義者的態度。楊先生不太贊成，他實際上是具有數學家的一種審美的觀念。"

在楊振寧看來，愛因斯坦的時代是"黃金時代"，他趕上了"白銀時代"，而現在是"青銅時代"——"青銅時代"的特點是理論物理在短期內很難看到有大的發展可能。楊振寧更喜歡"探究更基本的一些東西"，因此他不喜歡"青銅時代"，所以他多次說過，如果是在這個時代開始他的研究工作，他可能就不會搞物理，而是去做一個數學家了。

很多物理學家都對楊振寧的風格印象深刻。物理學家張首晟一直將楊振寧視作偶像，他曾聽過楊振寧在紐約州立大學石溪分校開的一門"理論物理問題"，楊振寧用了三堂課講磁單極子——這是一種到目前為止尚未發現的粒子，"如果急功近利的話，大家總是要找一個有用的課題，這個東西不可能有任何用的……但是它的數學結構非常非常優美，最好地體現了理論物理和數學的統一，也充分體現了理論物理的美。所以這是在別的地方學不到的"。

在戴森看來，楊振寧很樂於在某些時候做一個偉大的科學家，在另一些時候又做一個偉大的藝術家。他向《人物》回憶起楊振寧1952年的一篇論文："這篇文章是對一個不重要問題的漂亮（漂亮得讓人嘆為觀止）的計算。這表明他在純粹的數學中享受他的技藝，絲毫不關心物理結果重要與否。在這篇文章裏，楊是以藝術家而非科學家的身份工作的。在楊一生中，他兩種文章都寫了很多。一種是在物理上重要的，他將重要的物理學問題與優雅的數學結合起來。另一種就像伊辛鐵磁的文章，物理上並不重要，他享受於數學技藝之中。"

楊振寧的科學品位也在生活中體現。在他家的客廳裏，掛著一幅吳冠中的《雙燕》。吳冠中是他喜歡的一位畫家。吳冠中的畫作主題多為白墻黑瓦的江南民居，"簡單因素的錯綜組合，構成多樣統一的形式美感"，他所鍾愛的簡潔的美也在這位畫家的筆下。

在寫作上，他也有同樣的偏好，"能夠10個字講清楚的，他絕對不主張你用20個字、30個字"。楊振寧的博士論文導師、"美國氫彈之父"泰勒講過一個故事：泰勒建議楊振寧將一個"乾淨利落"的證明寫成博士論文，兩天後楊振寧就交了，"1、2、3，就3頁！"泰勒說："這篇論文好是很好，但是你能寫得長一點嗎？"很快，楊振寧又交上了一篇，7頁。泰勒有些生氣，讓他"把論證寫得更清楚、更詳細一些"。楊振寧和泰勒爭論一番後走了，又過了10天，交上了一篇10頁的論文。這次，泰勒"不再堅持，而他也由此獲得他應該獲得的哲學博士學位"。

正常的天才

這種簡潔之美也延續在楊振寧的日常生活中。朱邦芬發現，一起吃飯，時間長了之後，點菜的時候根本不需要楊振寧了，因為他愛吃的就那幾樣——辣子雞丁、酸辣蛋湯，加個蔬菜，有時再來個紅燒肉，少有變化。他的樂趣在物質享受之外。在一次演講中，楊振寧說："一個人在日常生活裏頭一定有一些紛擾的地方。做科學研究的一個好處，就是你可以忘掉那些紛擾。"

樂趣的前提來自他一直清楚並順從自己的 taste。在他的學術生涯裏，他從不趕時髦做"熱門研究課題"。"倒不是說它們都不重要，而是我自己有我自己的興趣、品位、能力和歷史背景，我願意自發地找自己覺得有意思的方向，這比外來的方向和題目更容易發展。"楊振寧後來解釋說。因此他從不贊成"苦讀"，工作也是如此——"如果你做一件工作感到非常苦，那是不容易出成果的。"

"他的熱情，你完全可以看得出來，並不是說他偶然碰到一個東西做出來。"物理學家朱經武向《人物》回憶，"我記得我第一次見他的時候，他就跟我講他的一些理論，他講，（然後）他站起來，越站起來講話的聲音精神越足，非常地興奮，就跟我講它的結果。很有意思的，現在還在我的腦海裏面。"

與楊振寧打過交道的物理學家都感受過這種激情。

物理學家伯恩斯坦曾經回憶過普林斯頓時期楊振寧與李政道二人合作時的情景：一個辦公室靠近他們的人，"幾乎不可能不聽到他們的聲音。他們討論任何物理問題，都是興致昂揚，而且常是用極大的嗓門"。江才健在《楊振寧傳》中寫道："楊振寧和李政道

扯開嗓門，並且用手指淩空計算，這是許多認識他們的物理學家都
看過的景象。"

　　多年後，這個習慣仍然保留了下來。翁帆在2007年出版的楊振
寧文集《曙光集》"編後言"中談到了他的這個習慣："有時半夜
起床，繼續準備文稿，往往一寫就一兩個小時。他總是說，一有好
的想法，就睡不下來⋯⋯不過，有時振寧的寫作習慣很有意思：他
靜靜坐著或者躺著，舉一隻手，在空中比劃著。我問他：'你在做
什麼呢？'他說：'我把正在思考的東西寫下來，這樣就不會忘
了。'他告訴我這個習慣已經跟隨他幾十年了。"

　　在楊振漢的記憶裏，小時候的楊振寧也是充滿了對世界的熱
情。儘管圍墙外的世界時局動蕩、內憂外患，但楊振寧在清華園裏
的生活寧靜而豐富：與小夥伴一起製作簡易的幻燈機，關了燈在墻
上"放電影"；禮拜天在家裏做化學實驗；晚上帶弟弟們到自家屋
頂平臺上看北斗星；跑到荷花池溜冰；和一幫小夥伴到坡頂上騎
車，"從一座沒有欄桿只有兩塊木板搭成的小橋上呼嘯而過"。讀
小學時，從家到學校的路上，蝴蝶和螞蟻搬家都是"重要事件"。
楊振漢記得有一次楊振寧帶他一起去找仙人掌，找到之後，楊振寧
用筷子"把那個花心一轉，就發現轉了以後，那花心自己會倒回
來"。楊振寧用自己的猜測告訴弟弟，植物一定也有神經，但是跟
人的不一樣。

　　楊振寧喜歡與中學生談話。他的好友庫蘭特夫婦說，在他們認
識的科學家中，楊振寧和費曼是僅有的兩個能與孩子平等交往、
"有孩子般天真個性"的人。

　　楊振寧一生在象牙塔中，年少時在清華園如此，西南聯大時期以及後來到美國的學術生涯依然如此，其中普林斯頓高等研究院的17年更是象牙塔中的象牙塔。這讓楊振寧一生保持著某種簡單與純真。葛墨林說："在他的眼睛裏，人的本性還是很善良的。就是為什麼要這樣呢，他老覺得他不好理解。我老是勸他，我說楊先生，社會很複雜，您要注意防範了。"美國自由開放的環境也幫助他保持了這一點。楊振漢說："他沒有我們中國人在新中國成立以後經過各種運動的這種（經歷），他不覺得這個社會有什麼壓力。"楊振寧自己也喜歡他身上的這一點："我處人處事都比較簡單，不複雜，就是沒有很多心思。我喜歡這樣的人，所以我就儘量做這樣子的人。"

　　但另一方面，楊振寧又不像一個象牙塔裏的人。

　　他興趣廣泛，20世紀70年代以後他願意走出書齋，出任全美華人協會首任會長，做促進中美建交的工作，就是一個例子。"你跟他待一會兒就知道了，他這個人興趣很廣泛，聽你話也非常注意，差不多隨時隨地都很喜歡動腦筋的。"楊振漢對《人物》說。

　　面對他關心的重要問題，他總是忍不住發表意見，"動不動我還是要寫篇文章，我要表明我的觀點"。2016年，他發文反對中國建大型對撞機，再度引起輿論熱議。翁帆有時嫌他"過於直率"："你何苦要寫呢？過後又有些人要罵你了。"楊振寧回答："我不怕。我講的是真話！"

　　他性格開朗，從來不是"高處不勝寒"的感覺。做研究的時候，幾何題目想不出來，先放一放，唱兩句歌，兜一圈回來再來。

好友黃昆（著名物理學家，中國固體和半導體物理學奠基人之一）有個極貼切的評價，他說"楊振寧是一個最正常的天才"。

　　熟悉楊振寧的人對他的描述最多的幾個特點是：會關心人、慷慨、沒有架子。接受《人物》採訪時，幾乎每個人都可以說出一些讓他們感動的細節。朱邦芬回憶，楊振寧的老友黃昆生前喜歡聽歌劇，楊振寧知道他這個愛好後特地買了臺音響設備送給他。葛墨林至今記得楊振寧請他吃的一盤炒蝦仁。1986年，他有一次從蘭州大學到北京飯店看楊振寧，吃飯時楊振寧特地點了一盤他自己不愛吃的炒蝦仁。楊振寧說，這是給你吃的，你在蘭州吃不著蝦。《曙光集》編輯徐國強說，有時楊振寧還會向他做一些私人之間的"善意的提醒"，比如跟某某打交道的時候別太實心眼。

　　年紀大了後，楊振寧重讀《三國》、《水滸》和小時候"覺得淨講了一些沒有意思的事情"的《紅樓夢》，現在都看出了新東西——"到了年紀大了以後就了解到，人際關係有比我小時候所了解的要多得多的東西。"

歸鄉

　　香港中文大學中國文化研究所前所長陳方正這樣概括楊振寧的人生："物理學的巨大成就僅僅是楊先生的一半，另外一半是他的中國情懷，兩者互為表裏，關係密不可分。"

　　在西南聯大時，他哼得最多的一首歌是父親一生都喜歡的《中國男兒》：

中國男兒，中國男兒，要將隻手撐天空。
睡獅千年，睡獅千年，一夫振臂萬夫雄。
……
古今多少奇丈夫，碎首黃塵，
燕然勒功，至今熱血猶殷紅。

經歷過滿目瘡痍的落後中國，在中國的傳統文化中浸潤長大，楊振寧真誠地期待中國的崛起與民族的復興。

葛墨林記得，南開大學理論物理研究中心開的很多次會用的資金，都是楊振寧從香港募集，然後直接把錢帶回來的。有一次他怕他們換不開，就把錢都換成一捆捆的20美元，裝在包裹。葛墨林說："有一次我特別感動。那時候我還在美國，他妹妹來找我。她說，你看楊先生又開車自個兒去了，到紐約，到China town，華人城去演講。我說，幹嘛？她說，捐錢去了。我說，那有什麼。她說，他還發著燒。還發著高燒，自個兒開車——因為香港那些有錢人來了，就趕緊開著車去跟人家談怎麼捐錢。當時我就很感動。"

楊建鄴印象深刻的是他在1996年聽楊振寧演講時的一個細節。當主持人介紹楊振寧於1957年獲得諾貝爾獎時，楊振寧立即舉手加了一句："那時我持的是中國護照！"另一個細節也很能反映楊振寧的性格。香港中文大學很早就想授予楊振寧名譽博士學位，但楊振寧一直沒有接受，因為在1997年之前，授予儀式上有一個英國傳統，接受榮譽學位的人要到英國校監面前鞠躬，然後校監拿一根小棍子在接受者頭上敲一下，而楊振寧不願意對著英國人行這個禮。等"香港一回歸，校監是中國人了，他立即接受了"。

2002年，楊振寧在旅居法國的髮小熊秉明的葬禮上動情地唸了一首熊秉明的詩：

> 在月光裏俯仰悵望，
> 於是聽見自己的聲音伴著土地的召喚，
> 甘蔗田，棉花地，紅色的大河，
> 外婆家的小橋石榴……
> 織成一支魔笛的小曲。

這是熊秉明的故鄉，也是楊振寧心中"世界所有遊子的故鄉"。2003年，他終於離開居住了58年的美國，回到了這片有"甘蔗田，棉花地，紅色的大河，外婆家的小橋石榴"的土地。

回國的第二年，82歲的楊振寧與當時在廣東外語外貿大學唸研究生的28歲的翁帆結婚。接下來的輿論讓人想起阿根廷影片《傑出公民》中的故事——一位諾貝爾文學獎獲得者重回故鄉之後，遇到的並不全是溫情和善意。

94歲的弗里曼·戴森不明白在中國"為什麼人們要對一位新太太抱有敵意"，他在美國從未聽到關於此事的任何負面評論。作為朋友，他為楊振寧感到開心。"楊自己告訴我第二段婚姻讓他感到年輕了20歲，我向他致以最溫暖的祝福。我也認識他的第一任太太致禮，而且我確信她如果知道他有一個年輕的新太太照顧他的晚年生活，也會感到高興。"戴森在回復《人物》的郵件裏這樣寫道。

楊振寧回國後一直住在清華園勝因院一幢綠樹環抱的幽靜的乳白色二層小樓裏。杜致禮剛去世的時候，朱邦芬曾去過楊振寧家幾次，"確確實實他一個人生活很孤單。就住在那個地方，我看他晚上就是一個人，有時候就看看錄像，看看電視。他自己也說，他說他不找翁帆，也會找一個人過日子，他不是太喜歡一個人很孤單地這麼走"。

外界很難理解楊振寧與翁帆之間到底是怎樣一種感情。楊振寧在一次採訪中談到他與翁帆的婚姻："我們是不同時代的人，婚後，我們彼此學習到一些自己以前沒經歷過的事情。"他們平時會一起看看電影，唸唸詩，也會有一些彼此間的小遊戲 —— 在逛博物館的時候，兩個人看時都不討論，等出來後各自說出自己最喜歡的畫，有時在家裏楊振寧還會出數學題考考翁帆。

葛墨林夫婦與楊振寧夫婦一同外出時注意到很多溫馨的小細節。四個人一起在新加坡逛植物園，"走大概十幾分鐘，翁帆就說：楊先生，歇一歇。然後找塊石頭，拿個手絹擦好，讓楊先生坐那兒歇一會兒"。"楊先生那人你不知道，他有時候自個兒不能控制自個兒，一高興，他就走啊，走得又特別快。"冬天出門，楊振寧不愛戴圍巾，"不行，給他把圍巾弄好，都捂好，衣服都弄好，穿好，再出去"。

楊振寧也有很多讓翁帆"心裏覺得是甜的"的細節。在11年前中國臺灣《聯合報》的採訪中，她隨手舉了兩個。"有一回我們在日本，早上我病了，頭暈、肚子疼，沒法起床，振寧到樓下幫我拿一碗麥片粥上來，餵我吃。"楊振寧在一旁插話："多半時候，都是她照顧我。"還有一次在三亞的酒店，"他通常比我早起看報紙、看書。那天他不想開燈吵醒我，就到洗手間去看。我醒來後跟他說，你可以開燈的"。

　　翁帆的出現讓楊振寧和當下的世界有了更真切的聯繫。他曾在《聯合報》採訪中談到翁帆帶給他的改變：“一個人到了80多歲，不可能不想到他的生命是有限的，跟一個年紀很輕的人結婚，很深刻的感受是，這個婚姻把自己的生命在某種方式上做了延長。假如我沒跟翁帆結婚，我會覺得三四十年後的事跟我沒關係；現在我知道，30年後的事，透過翁帆的生命，與找有非常密切的關係。下意識地，這個想法對我有很重要的影響。”

　　2015年接受《人物》採訪時，楊振寧說了這樣一句讓人動容的話：“我曾說，我青少年時代，‘成長於此似無止盡的長夜中’；老年時代，‘幸運地，中華民族終於走完了這個長夜，看見了曙光’。今天，我希望翁帆能替我看到天大亮。”

生命的奧秘

　　90歲之前，楊振寧感覺自己的身體一直變化不大。但90歲之後，生命的奧秘還是不可避免地一個個主動向他揭示了。

　　他向《人物》講述了其中的一個重要發現：“年紀大了以後才懂年輕的人都不懂為什麼老年人老要穿很多的衣服。我現在懂了。為什麼呢？因為衣服只要穿得不夠一點，受一點涼，5分鐘、10分鐘沒關係，要是半個鐘頭以後，常常就是以後一兩天身體什麼地方老是疼，所以現在我很怕這件事情，所以我現在也多穿一點衣服。”因為身體的關係，他已經6年沒有去過美國了，“因為美國太遠”，甚至也不敢離開協和醫院太長時間——“一有病，就趕快叫他司機把他送到協和。”楊振漢說。

楊振漢曾聽大哥向他感慨：老了以後這問題多了。有一次，
"早上起來腰不能動了。他覺得就是風吹的，沒穿厚衣服出了毛病
了。出了毛病以後，就老是吃完早飯躺著不動，不動了以後，腸子
蠕動有問題了……"

"不在了"成為他在回憶往事的時候頻繁出現的話。在清華園
一起玩耍的小夥伴"前幾年還有，現在都不在了"。2002年7月，
他在倫敦看畫展時見到一句話，畢加索寫信給老年馬蒂斯說："我
們要趕快，相談的時間已經不多了。"他急忙將畢加索的話抄下寄
給老友熊秉明，但還沒等收到回信，熊秉明就在幾個月後去世了。
在楊振寧80歲生日宴會上，西南聯大的幾位老同學 —— 梅祖彥、宗
璞、馬啟偉、熊秉明相聚在一起，到了第二年，熊秉明、梅祖彥、
馬啟偉、宗璞的丈夫，以及他自己的夫人杜致禮都相繼"不在了"。

他也有過兩次有驚無險的大病經歷。第一次是1997年，一天他
在石溪家中突然感到胸悶，檢查結果是心臟大血管有七處堵塞。三
天後，做了四根心臟血管的搭橋手術。手術前，寫了遺囑。醒來
後，他朝恢復室外的家人畫了一個長長的微積分符號，表示自己很
清醒，還可以做微積分。第二次在2010年，他從四川回來後突然嚴
重嘔吐、高燒，有幾小時處於半昏迷狀態，說一些別人聽不懂的
"胡話"。葛墨林後來聽楊振寧平靜地回憶當時的感受："就感覺
到好像這個魂兒已經飛出去了，就是說那個魂兒還跟他說話 —— 我
說這是楊振寧嗎？"

除了身體，自然也無時不在向他展示自身的深邃和偉大。這位
研究了一輩子宇宙奧秘的偉大科學家在自然面前越來越感到驚奇和

敬畏。他感嘆：“自然界非常稀奇的事情非常之多。”在電視上看到鳥栽到水裏抓魚，速度和準確讓他驚嘆自然結構的“妙不可言”。母牛與小牛之間的 bonding 也讓他感到“非常神秘”——剛出生的小牛幾秒鐘之後就知道站起來，失敗了之後知道反復嘗試，知道去吃母牛的奶⋯⋯

　　“現在漸漸的越來越深的新的想法是什麼呢？就是覺得自然界是非常非常妙，而且是非常非常深奧的。越來越覺得人類非常渺小，越來越覺得人類弄來弄去是有了很多的進步——對於自然的了解，當然是與日俱增的——可是這些與日俱增的內容，比起整個自然界、整個結構，還是微不足道的⋯⋯我想，從整個宇宙結構講起來，人類的生命不是什麼重要的事情，個人的生命更是沒有什麼重要的。”這是楊振寧最新的發現——也是他一生所有發現的升華。

回歸後楊振寧先生所做的五項貢獻[*]

朱邦芬

楊振寧七歲來到清華園，那年他父親楊武之應聘到清華大學任算學系教授。清華大學物理系和算學系當時都在科學館辦公，科學館是楊振寧小時候最喜歡的一個地方，尤其夏天，裏面特別涼快。2003年，楊先生正式回到清華大學任全職教授。[1]之後他創辦的高等研究中心從理科樓搬回到科學館，楊先生形容自己的人生畫了一個圓。那段時間，他特別喜歡讀20世紀英國大詩人 T. S. Eliot 的一首詩，並親自譯成中文，其中的兩句是："我的起點，就是我的終

---

[*]2017年8月21日下午，清華大學物理系、清華大學高等研究院朱邦芬教授在南開大學陳省身數學研究所舉行的"物理前沿會議"上做了題為 Chen Ning Yang's Contributions After He Returned to Where He Started 的報告。《物理》編輯部根據報告錄音整理成文，朱邦芬教授在此基礎上選取部分內容重新修改定稿。本文原載《物理》2017年第9期。

[1]1997年楊振寧答應清華大學時任校長王大中的請求，幫助清華發展基礎科學研究。1999年楊先生從紐約大學石溪分校正式退休，接受邀請任清華大學全職教授，原計劃很快就定居清華任教，但因夫人杜致禮罹患絕癥須在美國治療，無法成行。2003年10月杜致禮不幸去世，他旋即回歸。

點……我的終點，就是我的起點。""我們將不停地尋索，而我們尋索的終結，將會達到了我們的始點，從而第一次了解此地方。"

我於2000年1月調到清華大學高等研究中心任教授，之後在清華物理系任教至今，有幸與楊先生有很多的個人接觸。據我觀察，畫了一個圓以後的楊先生，終點成為新的起點，心態反而變得更年輕了。六十壽辰時，楊先生第一次感到"生命是有限的"，"好像這種想法在我60歲以前從來沒有在我的腦海裏出現過"。1999年5月，在紐約州立大學石溪分校榮休的晚宴上，他想起了李商隱的"夕陽無限好，只是近黃昏"，又用朱自清的"但得夕陽無限好，何須惆悵近黃昏"激勵自己。[2] 然而，2003年正式回到清華後，他寫了一首《歸根》的詩，裏面的兩句"耄耋新事業，東籬歸根翁"表明，歸根後的楊先生要開始新的事業。2013年楊先生出版了一本新書 *Selected Papers II with Commentaries*，在評註裏，他將蘇東坡的詞句改編為"誰道人生無再少，天賜耄耋第二春"[3]。顯然，2003年回歸是個轉折點，回歸後，楊先生開始了新事業，也開始了人生的第二個春天。

我曾經寫過一篇文章《我所熟悉的幾位中國物理學大師》[4]，文中我對每位大師都用一個詞來形容。對楊先生，我思考再三，用了"率真"二字。楊先生的性格是多方面的，我為什麼用"率真"二字來形容他呢？一方面是因為他的坦率和真誠。他在文章《父親與

---

[2] 楊振寧著，翁帆編譯：《曙光集》，生活•讀書•新知三聯書店，2008年。

[3] Yang C. N., *Selected Papers II with Commentaries*, Singapore: World Scientific, 2013.

[4] 朱邦芬：《我所熟悉的幾位中國物理學大師》，《物理》2016年第10期，第621頁。

我》裏寫道，"我知道，直到臨終前，對於我的放棄故國，他（指
楊振寧父親）在心底裏的一角始終沒有寬恕過我。"楊振寧和他父
親一直父子情深，楊武之從未對楊振寧加入美國國籍說過什麼，更
沒有寫過什麼，這句話只是楊振寧自己內心的感覺。我以為只有率
真、坦誠的人才會把對自己形象有損且不為人知的內心獨白揭示出
來。另一方面，率真又指一個人童心未泯，直言不諱。多年的接
觸，我確實感到，楊先生的心理年齡低於他的生理年齡，更遠低於
他的檔案年齡，他確實具有一顆"童心"。

楊振寧2003年歸根，絕不是一些不了解真相的人所想象的，是
回來"養老"和"享福"。"80後"的楊先生開始了新的事業和新
的尋索，做出了許多新的貢獻。從80歲至95歲的15年間，他所做的
事情遠比大多數科技工作者做的更多，更重要。

楊先生回歸後的新貢獻，可以歸納為五個方面：一、作為有遠
見卓識的科學領導人所起的引領作用；二、作為物理學家在物理學
研究領域所做的具體科學研究；三、作為教育家在培養中國年青一
代傑出人才方面所做的貢獻；四、作為科學史研究者寫下了一系列
傳世之作；五、其他方面的貢獻。鑒於許多人並不清楚個中詳情，
今天借慶賀楊先生九五華誕之際，我就楊振寧在這五個方面的具體
貢獻鋪展開來，讓更多人了解回歸後的楊振寧。

一　科學事業的引領人

幫助發展中國的科學研究是楊振寧先生的夙願。楊先生是中美
關係中斷多年以後於1971年7月第一位回國訪問的美籍華裔科學家。

從那時開始，他做了大量的實事，一直在盡心盡力幫助中國發展科技事業。回歸以後，他有了更大和更多的空間，在科學研究的組織和引領方面，他主要做了四方面的事情：一是成功地組建和領導清華大學高等研究院；二是為清華大學物理系的發展指明了方向，從根本上改變了清華物理系的面貌；三是對香港求是科技基金會和邵逸夫獎基金會的奠基性的指導；四是對中國大科學工程的卓見。

　　早在西南聯大讀研究生時，楊振寧和好友黃昆就認真討論過在中國"successfully組織一個真正獨立的物理中心"的事，認為其"重要性應該比得一個 Nobel Prize 還高"。[5] 楊振寧之後在普林斯頓高等研究院成功的經歷，使他一直懷有一個夢想：在中國創辦一個類似普林斯頓高等研究院那樣的理論研究中心 —— 幾位世界級的理論大家帶領一批有才華的年輕人，引領世界理論物理和數學的研究。20世紀70年代初期和中期，中國正值"文革"，知識分子在勞動改造，他多次訪問祖國，參觀中親眼見到大學教授在工廠把不同電阻分類，深感"在那些年裏，中國政府片面的平等主義已經毀了中國的科學"。[6] 在第二次回國的晚宴上，他直言不諱地向周恩來總理呼籲，要重視基礎科學。雖然得到了周總理的積極響應，但是現實與他的夢想畢竟相距太遠。"文革"後，祖國迎來了科學的春天，也開始重視基礎理論研究。80年代，楊先生積極幫助創建了中山大學高等學術研究中心和南開大學陳省身數學研究所理論物理研

---

[5] 朱邦芬：《讀1947年4月黃昆給楊振寧的一封信有感》，《物理》2009年第8期，第575頁。

[6] Yang C. N., *Selected Papers I with Commentaries*, New York: W. H. Freeman, 1983, p. 77.

究室，兩個機構都很成功，但還不是他心目中普林斯頓高等研究院的那種模式。1997年，楊振寧答應清華大學的請求，創建清華大學高等研究中心（現稱清華大學高等研究院），並擔任名譽主任。楊先生和清華大學時任校領導經過多次商討，確定以普林斯頓高等研究院為模板建設清華大學高等研究中心。

楊振寧作為一個科學機構的領導人，既充分放權，只管全局性和戰略性的大事，又對重要事務的細節予以充分注意。作為一個做大事的人，清華大學高等研究中心成立不久，楊先生就在香港註冊成立了"清華大學高等研究中心基金會有限公司"，在中國香港和美國籌集資金。楊先生明白，有了財務上的自由，才可能有招聘傑出人才和開闢新研究方向的自由。為此，楊先生一方面把自己的個人積蓄以及在美國長島一幢佔地面積3英畝的別墅捐給基金會；另一方面，他還努力向好友和香港的愛國人士募捐。正是有了這個基金會，高等研究院才有可能把美國科學院院士、圖靈獎獲得者姚期智先生引進清華全職工作，才有可能設立"楊振寧講席教授"職位，給翁征宇、王小雲等一批優秀的中青年科學家以比較體面的薪酬，才有可能給博士研究生和博士後稍好一點的待遇。楊先生不但捐款給基金會而自己分文不取，還把回歸後國家給他的每年100萬人民幣津貼的很大一部分捐給中心用作日常開支，使中心能夠較好運行。

要使一個科學研究機構成功，研究方向的正確選擇和一流研究人員的招聘是關鍵。楊先生一開始為高等研究中心確定的研究方向是理論物理和數學，其中理論物理又聚焦在凝聚態物理和冷原子物理的研究。為此中心邀請了張首晟、文小剛、李東海、何天倫、華泰立等一批在該領域國際物理界最出色的華人學者到高等研究中心來工作。他們對中心做出了重要的貢獻。2005年，在楊先生的感召下，國際理論計算機領域的大家——姚期智先生全職加盟清華高等研究中心，而後又引進數學和密碼學交叉領域的傑出女科學家王小雲，還聘請微軟亞洲實驗室的一批信息領域的翹楚兼職，高等研究中心的研究領域也增加了理論計算機科學。楊先生對招聘傑出人才到高等研究中心工作費心思量，對每位候選人都要仔細研究其學術背景和已有的學術成就，往往談了多位，每位談了數輪，最後才成功一位。在研究人員結構和行政運行機制方面，高等研究中心採取了類似於普林斯頓高等研究院的做法，本著"精幹、擇優、流動"的原則，積極通過各種渠道延攬國內外科學英才，營造寬鬆環境，致力科學探索，培育頂尖人才。20年來，高等研究院已成為一個學術氛圍濃厚的"學術殿堂"，一流學者的報告長年不斷，多位諾貝爾獎獲得者和大量活躍在物理前沿研究領域的青年學者雲集於此，青年學子刻苦鑽研互相切磋，多個學科交叉融合，產出了大量的學術成果，培育出一批學術精英，對清華理科的發展產生了深遠的影響。不僅如此，正如清華大學前任校長陳吉寧所說，"在楊振寧推動下成立的清華大學高等研究院，不僅在學術前沿研究方面做出了重要貢獻，也對清華大學的辦學理念和管理體制產生了深遠的影響，為學校建設世界一流大學發揮了重要的作用"。

楊先生對改變清華物理系的面貌起了關鍵性的作用。2002年6月，時任校長王大中聘請楊振寧、沈元壤、沈志勳、沈平四位先生組成國際評審委員會，對清華大學物理系開展清華歷史上第一次對一個院系的國際評估。評審委員會的"三沈一楊"四位先生花了整整兩天時間，聽取了各研究組的綜合報告；參觀了多個實驗室；與校系領導、教授、院士等深入交換意見；還分別與青年教師、學生、實驗員、行政人員、系務委員會成員、教學委員會成員等座談。事後，評審委員經過多次認真商討，向學校遞交了評估報告。國際評估報告在學校引起了震動，校領導要求物理系成立專門小組討論落實評估報告的建議。

我當時是高等研究中心教授，正是在落實評估報告的討論中開始涉足物理系的事務的。2003年擔任物理系系主任後，我要求向全系教師公開這份評估報告，這引起了系內許多討論以至爭論，因為許多人從沒見過一份評估報告如此尖銳地指出存在的問題，如此明確地指出發展的方向。有的老師覺得報告太敏感，不能公開，但我認為這對清華物理系的未來至關重要，最後還是向全系公開了。報告中最重要的是對清華物理系的發展方向給出了明確的指導意見：第一，"系內實驗科研亟待加強"；第二，"同意選擇凝聚態物理為優勢學科。目前系內這方面的實驗科研力量極為薄弱。納米材料生長、超導應用等的工作多屬化學、材料、工程類，物性研究的成分很少。物理系應在物性研究上推廣層面，包括更多不同的凝聚態物理領域，促進理論和實驗的合作交流"，"高能物理與核物理的發展前途困難極多，此二領域不宜增聘工作人員"；第三，"校方應創造一個以教學為榮的環境。明確教學依然是一個大學的最重要的任務，即使是在強調科研的今天仍應如此"，"要求正常情況下每位教授都必須每學期授課，促使教研合一。鼓勵科研出色的教授講授基礎課。明確規定教學工作是考核的重要一部分"。這三點對清華物理系之後的發展是綱領性的，對學科佈局調整和發展重點的確立起了關鍵作用。

2013年，薛其坤研究組實驗發現了量子反常霍爾效應。我認為沒有楊先生就沒有這項成果。一方面，楊先生把張首晟請到高等研究中心做客座教授，張首晟指引祁曉亮、劉朝星這些優秀的博士研究生進入拓撲絕緣體領域，而祁曉亮和劉朝星及合作者則在國際上最早在理論上預言了實驗觀測量子反常霍爾效應的機理和實際的材料體系。另一方面，薛其坤2005年到清華工作，是楊先生等在關於清華物理系應重點發展實驗凝聚態物理的指導方針下的產物。正是楊先生，為張首晟和薛其坤之間的合作提供了平臺，使薛其坤研究組實驗上觀測到了量子反常霍爾效應。楊先生聽到這個好消息後非常高興，當即要請吃飯，評價為"這是個諾貝爾獎級的成果"。這個例子反映了楊先生作為一位物理學大師和領導人的遠見卓識。

2010年，清華大學對物理系進行了第二次國際評估。新的評審委員會的成員包括"四沈二楊"六位先生，即第一次評估的"三沈一楊"再加上沈呂九和楊炳麟。在一如既往尖銳指出清華物理系尚存問題的同時，評審報告的結語寫道："自2002年第一次評審以來，清華物理系在各方面都有了極大的改進，在教授治學的大方針下科研實力已進入國際水準，在某些領域已處在世界領導行列。教學方面，更是非常成功。每年都能招引到全國拔尖的本科生，集而教之的英才多對系的教學相當滿意，與八年前大不相同。物理系在這一基礎上進一步改善，極有希望成為世界一流，但還需要系內同仁堅持方向同心協力才能達到。"借用前校長王大中先生一句話:"清華物理系有今天的成就,楊教授功不可沒。"

楊先生是香港邵逸夫獎評審委員會首任主席,也是香港求是科技基金會的創始顧問,他為這兩個獎項的成功設立了宗旨和高標準。1993年,香港查濟民先生想切實幫助中國發展科技事業,他向楊振寧表示,基金會的基金由查氏家族提供,而基金會的組成、運作和發獎方法,由楊先生這樣有成就又關心中國的科學家負責。他們倆決定香港求是科技獎的宗旨為"雪中送炭"。考慮到好友鄧稼先等人的清貧生活,考慮到中國一批最傑出的科學家的工作條件還很差,於是,求是基金會1994年第一次頒獎,獎勵了包括"兩彈一星"元勛鄧稼先、于敏、周光召在內的10位傑出科學家。1995年,為了鼓勵優秀的青年科學家留在國內做基礎研究,求是基金會又設立了傑出青年學者獎,獲獎人中有一大批後來成為中國科學研究的領軍人物。1996年,求是基金會授予屠呦呦等10位青蒿素及其衍生物研究工作的主要科研人員"求是傑出科技成就集體獎",當時沒有任何機構授予屠呦呦等人獎項。2004年設立的邵逸夫獎的獎勵領域是數學、天文學和生命科學與醫學。楊先生作為首任評審會主席,把邵逸夫獎定位為與諾貝爾獎互補的、具有最高水準的全球科學大獎。楊先生的辛勤工作和慧眼識才,使得邵逸夫獎聲譽卓著,評出了一大批世界範圍內最優秀的數學家、天文學家、醫生和生命科學家,其中多人在獲得邵逸夫獎後進而獲得諾貝爾獎。

楊先生十分關心中國一些重大的科學工程以及科技政策,經常就此發表自己的意見。他的意見從來不為自己或小集團謀取任何私利，一心只是為了中國的科技發展。90年代末，他獨具慧眼，建議中國研製X射線自由電子激光器，為此多次上書。2017年1月在中國科學院大連化學物理研究所建成了世界上第一座工作在20–100nm範圍的全相干自由電子激光，上海應用物理研究所還正在試運轉一項軟X射線自由電子激光，且同步發展更大規模的高重復頻率的超導加速器驅動的硬X射線自由電子激光。中國的自由電子激光事業在楊先生的推動下向前邁出了一大步。最近楊先生關於中國建造超級大對撞機爭議的見解，不管持有什麼立場，毫無疑問，都可以看到楊先生熱愛中國、一心為中國人民的赤子之心。楊先生以他的學術成就和聲譽，在科學界所起的引領作用非常顯著。

二　老驥伏櫪的物理學家

楊振寧先生90歲生日時，清華大學送他的禮物是一塊黑色的立方體，上面刻有楊先生最喜歡的杜甫名句——“文章千古事，得失寸心知”，四個側面分別是他在場論、粒子物理、統計物理和凝聚態物理這四個領域的13項重大貢獻。這些貢獻都是他在回歸以前做出的。定居清華園時楊先生已年過八旬，但他還是傾力而為，拼搏在研究第一線。他回歸後發表了以清華大學為作者單位的27篇SCI收錄的文章，這些文章可以分為兩類：一類是純物理研究文章；一類是有關物理學史、物理學概念詮釋的研究文章。此外，他還出版了兩本著作和一大批中文學術論文。

　　對於物理研究選題，楊先生根據自己的經驗提出了兩條原則：
"要找與現象有直接簡單關係的題目，或與物理基本結構有直接簡
單關係的題目"，"把問題擴大往往會引導出好的新發展方向"。
這兩條原則對於研究生和研究工作者選題具有很好的指導意義。耄
耋之年的楊振寧仍然依循這個"直接簡單關係"的原則來決定自己
的研究題目。回到清華後，他的物理學研究主要在統計物理領域進
行，這一方面是因為統計物理始終是他最喜歡的一個領域，與他對
數學之美的欣賞和對物理之美的追求相洽；另一方面的原因是進入
21世紀後，隨著激光冷卻技術的進展，冷原子物理學成為物理學研
究的一個最活躍的重要前沿，而楊先生早先在統計物理上的一些重
要理論預言得到了實驗證實，而有實驗配合，理論研究當然更有動
力。楊先生回歸後的統計物理研究是在兩個物理結構直接簡單的理
想化模型上開展的：稀薄玻色硬球系統和一維具有 δ 函數排斥作用
的多粒子系統（屬於他的13項物理學重大貢獻中的2項）。20世紀50
年代中期，出於對液氦超流的興趣，楊振寧與合作者完成了一系列
關於稀薄硬球玻色子多體系統的論文。他們分別用雙碰撞方法和贗
勢法得到了相同的基態能量，其中最令人驚訝的是著名的基態能量
修正與密度的平方根成正比的修正項，即

$$\left(\frac{2m}{\hbar^2}\right)\frac{E_0}{N}=4\pi a\rho\left[1+\frac{128}{15\sqrt{\pi}}\sqrt{\rho a^3}\right],$$

當時無法得到實驗驗證。50年後，這個修正項隨著冷原子物理學的
發展而得到了實驗證實。楊先生自己重新研究這個問題，用贗勢方
法將稀薄硬球玻色子多體系統從3維分別推廣到2維、4維和5維。

1969年，楊振寧和他的弟弟楊振平將一維 δ 函數排斥勢中的玻色子問題推進到有限溫度。這是歷史上首次得到的有相互作用的量子統計模型在有限溫度（T>0）下的嚴格解。基於這個模型的結果也在冷原子系統中得到實驗實現和驗證，回歸後，楊先生將其擴展到一維費米子系統，具有多個分量的粒子系統，推廣到各種形式的束縛勢，如一維諧波限制（harmonic trap）或其他限制（trap），排斥或有吸引力的 δ 函數勢的作用，等等。這些推廣並不是平庸的，有的具有相當難度，也都與冷原子物理研究緊密結合。

楊先生回到清華後，一共寫了13篇純物理研究文章，其中多篇文章楊先生是唯一的作者，也有一些文章有合作者，一般是一個合作者，主要是馬中騏。還有一些合作者幫楊先生做了一些計算，像香港中文大學的 Wei B. B.。這說明這些理論文章是楊先生親自研究和推導的，不像現在很多人，從四五十歲開始做老板，已不在科研一線做研究了。

回歸後，楊先生曾經向《物理評論快報》（PRL）投過一篇稿件，引起過很不愉快的經歷。第一位審稿人輕率地認為作者是與諾貝爾獎獲得者同名的某位 C. N. Yang，審稿極為馬虎，似乎也完全忽視了文章所研究系統存在受限勢；第二位審稿人的意見是許多人常遇到的、無實質性批評內容的所謂“缺乏廣泛興趣”和“缺少新的物理”，加上編輯“明顯傲慢自大和官僚化”的程式化答復，使楊振寧這位 PRL 的創始人和多篇重要論文的作者感到整個拒稿過程 “funny and troubling”。為此，在楊振寧文集 Selected Papers II With Commentaries 的附註中，楊先生原原本本地附上審稿人意見以及他

與 *PRL* 編輯的兩輪通信，力求改變這一錯誤的趨向。[7]之後，他的科研文章主要投給中國物理學會所屬的《中國物理快報》（*CPL*）上，以實際行動表達自己的價值觀念：一項學術成果的價值並不等價於發表刊物的影響因子。作為 *CPL* 的主編，我經常可以收到楊先生於晚上11–12點發來的電子郵件，作為一個耄耋之年的科學家，楊先生的幹勁與活力實在令人敬佩和驚嘆！

三　致力於傑出人才培養的教育家

楊先生回歸之際抒懷的《歸根》詩中有兩句："學子淩雲志，我當指路松。"培養中國傑出人才是楊振寧先生歸根以後最看重的一項使命，也是他花費時間和心血最多的。作為諾貝爾物理獎的大師和文理兼通、中西融會的教育家，楊先生回歸後對傑出人才的培養是多方面、多層次和全局性的：包括本科生、博士研究生、博士後和年輕訪問學者的培養；包括基礎課的講授，講座，討論，本科生傑出人才培養模式的探索，中國和美國教育的比較；涉及清華高等研究院和物理系，清華全體學生，全國幾十所高校。

大學的本科教育是高校之本，教師授課是基本職責，然而教學是個"良心活"，是否盡力只有自己心知，外人很難考評。2004年秋季學期，楊先生鑒於中國許多大學的知名教授不給本科生上課的現狀，主動為清華物理系和數學系8個班200餘名大一新生講了一學

---

[7] Yang C. N., *Selected Papers II with Commentaries*, Singapore: World Scientific, 2013.

期的"大學物理"課。82歲的諾貝爾獎獲得者，以其獨特的見解、深入的理解，每週兩次、每次兩個45分鐘講授基礎課，常常在課間的5分鐘休息時間還在講課。不僅學生們受益，全國許多高校的教師也在旁邊教室觀看直播，細細品味楊先生講課與眾不同的地方和精妙之處。楊先生給大一新生授課為所有大學教師樹立了高標準，鼓舞了活躍在教學第一線的廣大教師，也推動了清華許多研究做得好的老師走上講臺。

清華物理系有培養本科學生的兩個特別的program：一是基礎科學班；另一是清華學堂物理班。兩者都是探索如何使學生更好地成長為世界級傑出人才的。楊先生對基礎科學班和學堂班學生的成長十分關心。2010年4月1日清華學堂物理班開班儀式上，楊振寧講話時神采奕奕地豎起一個指頭說："10年以後，我們再聚首，評價這種學習模式是成功的還是失敗的。我說這話是認真的！"時光飛逝，清華學堂物理班成立很快就要10週年了，到了再請楊先生來幫助我們總結清華學堂班成敗的時候了！我經常邀請楊先生給清華物理系學生和學堂班學生面對面討論問題，他也從不推辭。

楊先生領導的高等研究院以優良的學風和卓越的導師吸引、影響和培養了中國年青一代的很多科學家。楊先生"我的學習與研究經歷"的報告和文章[8]成為楊振寧對學生和青年科學家的"十誡"。近些年來，清華物理系已經有多位畢業生在國際上嶄露頭角。以美國斯隆基金設立的斯隆研究獎為例（1955年設立，專門獎勵在職業

---

[8] 楊振寧：《我的學習與研究經歷》，《物理》2012年第1期，第1頁。

生涯早期的傑出年輕學者，獲獎者中已有43人獲諾貝爾獎，16人獲菲爾茲獎），2010年以來，畢業於清華物理系獲得斯隆獎的有祁曉亮、許岑珂、檀時鈉、陳汐、沈悅、馬登科、亓磊、陳諧等8位，其中多人在科學館這個學術殿堂中得到升華，即使在本科階段也在這裏獲益匪淺。清華大學高等研究中心至今一共畢業了65名博士，走出了很多非常優秀的人才，"土博士"獲得國外名校教職的約10人，在國內大學任教、有各種頭銜的更是數不勝數。比如，2007年博士畢業的祁曉亮，現在已是斯坦福大學的教授；2005年博士畢業的翟薈是楊先生回國後帶的唯一一名博士，他已經是國家傑出青年基金的獲得者、清華大學高等研究院教授，是國內最好的一位冷原子理論研究的專家，與許多實驗組有非常廣泛和密切的合作。

作為一位睿智的物理學家，又是對中美教育都非常熟悉的教育家，楊先生經常比較中國和美國的教育的優缺點。楊先生很多觀點，特別是對如何培養中國一流科學人才的看法，是值得我們深思的。他對中美教育的長處和短處有清醒的認識，認為中國大學教育有利於70–85分的學生，而美國大學教育對於90分以上的學生是有好處的。在一次中美物理教學研討會上，他說道："由於深及歷史和文化的原因，關於教育的哲學，中美之間存在巨大的差異。單詞'Educate'係從一個含義為'養育'、'撫育'拉丁文單詞衍生而來。反觀漢語，'教育'是兩個漢字，'育'字的含義為'撫育'，它之前的'教'字的含義是'教導'。在中國的教育哲學中，教導和養育至少同等重要。教育一詞，中美二者之異，含義非凡。我想這一巨大的差異還沒有被教育家、教育者和教授們所充分分析。"

四　科學大師和科學史的獨特研究者

　　楊先生回清華後發表的27篇 SCI 論文和出版的兩本專著，其中一半以上涉及科學史和物理學史的研究，物理學一些重要概念和理論演變的詮釋，以及對物理學大師的評註。楊振寧先生的科學史和科學大師研究有一些很獨特的地方，那就是他所研究和評述的多位物理學大師和數學大師與他差不多時代，或者稍比他年長一點，與他有過直接交往。特別是21世紀前10年，恰逢多位物理學大師百歲誕辰，楊先生與他們都有比較多的個人交往或直接接觸，他也應邀參加國際會議做邀請報告，撰寫一些文章。另外一個特點是，一般研究科學史的人都不在第一線做科研，或者是曾經研究過物理的小字輩，他們往往站在仰慕這些大師的角度來研究科學史，因而常常有些失真。而楊先生與他們是同輩，他本人又是一位主導20世紀下半葉物理學領域的大師，所持的是平視的角度，甚至有些時候是俯視。實事求是地講，楊先生的學術成就一點不亞於他所研究的大師們，比其中一些人更有甚之，因此，他往往站在更高處看這些大師，他的看法獨具匠心，極其精彩和珍貴。除此之外，楊振寧先生率真的個性，open的思維，令人驚嘆的記憶力和條理清晰的、詳細的個人檔案資料，使他對物理學史和科學史的研究也更加可貴。這些特點使楊振寧的物理學家和物理學史的研究文章格外珍貴，我以為當今世界幾乎無人能夠寫出這樣的文章。

　　楊先生在科學史研究方面最重要的一些成果，我印象深刻的有這麼幾點。楊振寧先生曾經概括20世紀理論物理學史的三大主旋

律：量子化、對稱性和相位因子，這是非常深刻的。在世界物理年
（2005年）紀念愛因斯坦的時候，楊先生把愛因斯坦的成功歸結為
他的眼光和機遇。楊先生認為，區別於洛倫茲和彭加勒，愛因斯坦
的自由眼光（free perception，即遠距離眼光和近距離探視結合）導
致了狹義相對論；他又認為，是愛因斯坦首先運用了近代理論物理
的基礎——對稱支配相互作用的原則，用廣義坐標不變性，加上
等價原理，創造出了廣義相對論。楊先生特別欣賞愛因斯坦的孤持
（apartness）、追求和深邃的眼光，認為其改變了基礎物理的發展
進程。楊先生對愛因斯坦在理論物理領域深遠影響的這些評價，給
後人以深刻的啟迪。楊先生還在《麥克斯韋方程和規範理論的觀念
起源》這篇文章[9]中從麥克斯韋三篇原始文章開始研究這段歷史，
仔細研究規範自由度（gauge freedom）怎樣產生，又如何演化成一
個支撐粒子物理標準模型的對稱原理。

　　在研究科學大師時，楊振寧發現，成功的歐美物理學家絕大多
數非常咄咄逼人（aggressive），行事奉行 one-upmanship（渴望取
勝，為勝利甚至有時可以不擇手段），如奧本海默、泰勒、費曼
等；而他本人則更喜歡費米、周光召、米爾斯（R. E. Mills）這類具
有君子風度的物理學家。楊先生提出：歐美科學取得的成就是否與
大多數歐美科學家這種咄咄逼人的個性有聯繫？這是一個很有意思
的問題，我稱之為"楊振寧猜想"。如果跟中國的教育聯繫起來，
儒家文化對於創新人才的培養到底起正面的作用？反面的作用？還

---

[9] 楊振寧：《麥克斯韋方程和規範理論的觀念起源》，《物理》2014年第12
期，第780頁；原文為英文，發表在 *Physics Today*，2014年11月刊，第45–51頁。

是正反面作用都有？這些都值得我們研究。楊先生認為自己受到了
濃厚的儒家傳統的影響。他12歲那年的暑假，在科學館裏，他父親
請來清華歷史系的高才生丁則良帶他學了一個暑假的《孟子》，儘
管四書五經中楊先生只認真學了《孟子》，然而他認為儒家文化對
自己的影響很深。2015年在紀念楊－米爾斯規範場理論60週年時，
楊先生回顧了20世紀60年代初他和費曼等人關於物理學發展前景的
爭論，他認為現在來看自己的判斷是正確的，而之所以正確，就在
於他受到"吾日三省吾身"的儒家文化的影響。

五　其他方面的貢獻

　　不限於物理，楊振寧回歸後還在其他如中華文化、國際關係、
中國發展、社會、藝術、美學、考古等許多領域做了很多公開講
演，寫了很多文章。限於篇幅和時間，我這裏只舉兩個例子。

　　2004年，楊先生在題為"《易經》對於中華文化的影響"的講
演中認為，《易經》影響了中華文化的思維方式，而這種影響是近
代科學沒有在中國萌芽的重要原因之一。對於近代科學為什麼沒有
在中國萌生這個大家關心的問題，楊先生認為其原因首先是中國的
傳統是入世而不是出世的，即比較注重實際，不注重抽象的理論架
構；第二是科舉制度；第三是不重視技術，認為技術是"奇技淫
巧"；第四是中華文化只有歸納法，而沒有推演法，近代科學需要
把這兩者結合起來才能發展；第五是天人合一的觀念。其中第四與
第五跟《易經》有密切的關係。楊先生這一看法獨具視角，雖然招

來許多不同意見，但是很明顯，這種討論以至辯論對於加深認識中華文化、對於發展中國近代科學是有益的。

　　楊先生還對國內學術界的學術誠信問題明確提出了自己的看法。2010年6月14日晚上近11點，我收到楊振寧的一封e-mail，涉及《中國物理快報》一篇稿件的評審。清華高等研究院一名博士生××向《中國物理快報》投了一篇文章，署名只有他一個人。編輯部組織兩位同行評審論文，其中一位評審人對論文給予完全正面的評價，而另一位評審人則要求作者再另外引用三篇文章，而這三篇文章與投稿論文所研究內容實際上沒有任何關係。作者向楊先生請教如何處理。楊先生的判斷是，第二位審稿人要求引用的這三篇文章 "have absolutely nothing to do with ××'s work"，他指出這是審稿人在濫用其特權而謀取利益。我們很快做了調查和處理。這種現象是一種嚴重的學術不當行為，目前在學術界經常發生，許多人熟視無睹。楊先生卻"管閒事"，旗幟鮮明地反對學術不當行為，值得我欽佩。

　　楊振寧先生回歸以後，開始了一位理論物理學大師人生的第二個春天，並且非常成功，對物理學界做出了巨大的貢獻，對中國的科技發展有著卓越的貢獻。我們祝楊先生身體健康，期待慶祝楊先生百年壽辰和茶壽（108歲）！

楊振寧先生怎樣影響了
我的研究興趣和工作方向[*]

余理華

作為楊振寧先生的學生，我很想在這裏回憶一下楊先生是怎樣引導我，影響了我的思想方法、工作習慣和研究方向的。我就從1979年我第一次見到楊先生開始。

一　石溪研究生

人們可以想象我第一次見到楊先生時會有多麼興奮。我當時著迷於量子力學統計解釋的問題，對於其中關於粒子波函數在測量時會在瞬間收縮到一點覺得不可思議，總想找到一種實驗去檢驗這種說法。於是我就和楊先生討論這個問題。正如趙午所講，楊先生對學生是十分關照的。這個問題楊先生很耐心地和我談了兩次。第三

[*] 本文是美國布魯克海文國家實驗室余理華教授在楊振寧九五華誕慶祝會上的發言記錄，原載《物理》2017年第10期。

次時，楊先生說：我想過了，這個問題的確很神秘，但今後我不能再跟你談這個問題了，這是一種obsession，如果有了obsession，是可以一事無成的。這無疑對我是一次非常重要的影響。我終於明白了，打斷了這種癡迷。

後來在多次與楊先生的交談中，楊先生常講到他的一個習慣：如果他想一個問題，有兩三天沒有進展，他就會把問題放下，去考慮一個新的問題。這也影響了我後來的習慣。如果我考慮一個問題，很久沒有進展，又捨不得放下，我便會想到楊先生的話，將問題暫時放下。

又一次，在聊天中，楊先生問我怎樣讀書。我說，我一行一行地讀，如果有一行不懂，我就反復讀，查閱和推導，直到讀懂。楊先生說，這並不一定是唯一的讀法，另一種讀法是"跳著讀"，一下跳過好多頁，甚至幾章以後，然後再跳回來。他的一個兒子就是這樣讀書的。我立即覺得有道理，後來我也常常這樣。因為不是每一本書都需要細讀的，如果都細讀，所學的就會太少了。

在石溪，有一次學術報告我聽不懂，感到十分受挫。中間休息時，我見到楊先生，就問他怎麼這麼難懂。他說，這很常見，常常有許多是聽不懂的，沒關係，但要像伸得很高的天線一樣，能抓住一點信號，儘管聽不懂，往往還是能找到新的問題的。這樣我就不再那麼害怕聽不懂了，往往還會學到一點新東西來解決其他的看似無關的問題。

在楊先生六十壽辰時，石溪同學會請楊先生講話。其中他說到研究生時期是人生最困難的一個時期。我聽了覺得受到了很大的鼓舞。這是因為研究生做學問不再像以前那樣只做老師出的題目，而需要尋找一個能做出來又有意義的題目。當時我正困惑於此，聽到楊先生這段話，我感到很大的安慰。既然如此，我的困難也就是一般情況了，也會被克服的。

楊先生又講道，對一個問題而言，知道有答案是一個很重要的啟示。為什麼我們在考試時往往能做出十分困難的問題？因為我們知道考試題一般是有答案的，我們會盡全力去尋找答案。我想這一點表面上似乎很簡單，實際上關係到研究領域的中心問題，就是要判斷一個問題有答案的機會是否較大。我們要選有希望的方向走，才會有更大的機會成功。

跟這一點直接相關的，楊先生常常說到的，就是要尋找新的方向。如果某一座礦藏是老的礦藏，許多人在那裏發掘過了，你在那裏就很難發現新的東西。如果有一座新的礦藏，你一旦進入那裏，就有可能發現遍地是寶。因此，尋找新的方向是十分重要的。

我這裏所談到的，只是我從楊先生的教誨中領會到的許多觀點中的一小部分。可以看到，這許多道理常常看起來是非常明顯的，楊先生一說到，我就會覺得當然是對的。但另一方面，楊先生沒說之前，有許多我卻沒有注意到，而且仔細想來，這裏面又有很深的道理，這些對我的思想方法有深遠的影響。

正如前所說，那個時期我就在尋找新的方向。也正如趙午所說，楊先生常常說起高能物理的現狀。楊先生說，高能物理的發展依賴於大型加速器的發展。現在的高能加速器越造越大，越來越貴，這種趨勢難以長期持續下去。這會導致高能物理缺乏大量新的實驗數據，高能理論的發展就會出現"粥少僧多"的情況。就是說，研究高能理論的人太多，而可做的題目，在缺少大量數據時，卻越來越少。

這樣就促使我在更大的範圍內尋找新的方向。也就在這個時期，我聽到了來自布魯克海文國家實驗室的一項關於自由電子激光的報告。這是一個全新的方向。在這樣的情況下，經過考慮，我終於決定離開我所愛好的粒子物理方向，在1981年末作為石溪的研究生來到布魯克海文國家實驗室，轉向了自由電子激光，1984年取得了博士學位。

二 高增益自由電子激光

正如楊先生所言，自由電子激光這個新的發展方向充滿了新的課題。在我加入這個方向的時候，正在出現一個新的概念，即高增益自由電子激光。在高增益條件下，電子束可以將很弱的輸入光在一次性穿過扭擺磁鐵後指數放大到很高的強度。由於不需要鏡面，這種方法有可能適用於缺乏反射鏡面的短波激光。於是，出現了X射線激光的可能性。

在1987–1988年間，世界範圍內的高增益自由電子激光已經發展到我們對其有了許多定性的了解，但我們仍然不知道什麼樣的參數可以導致X射線激光的實現。為了尋找實現X射線激光的條件，我們需要定量的方法在短時間內掃描大量的參數空間來優化各種參數。1989年，我和Sam Krinsky終於推導出了定量計算高增益的公式，發表在《物理評論快報》上。經過優化，我們得到了一組X射線激光的參數。這些參數表明當時的技術已接近達到軟 X 射線，距離硬 X 射線還差大約10倍。

那時我仍常常見到楊先生。楊先生認為，技術的改進往往是非常快的，也許幾年就可以改進幾倍甚至幾十倍。這樣看來，硬 X 射線激光是可能的。我與 Sam 討論後決定與我們的副所長 R. Palmer 談一談這項進展。我倆在他的辦公室黑板上列出了那組數據。看到這組激動人心的數據，他決定召開一個專題討論會，叫作 "Prospects for a 1Å Free-Electron_Laser Workshop"，即 "1埃自由電子激光展望研討會"。這樣，X 射線激光便不再只是一種可能或希望，而是有了具體可行的方向和指標。

這個研討會於1990年4月在布魯克海文附近的 Sag Harbor 召開。會上我在題為 "Scaling Relations and Parameters for 1Å FEL" 的報告中第一次給出了1Å 自由電子激光的具體數字（見下表）。19年以後建

E（Gev）	0.25	5	1.67	50	28
K	1	1	1	5.2	3.7
B_w	1.07	1.07	1.07	0.8	1
λ（Angstrom）	400	1	1	1	1
$λ_w$（cm）	1	1	0.1	7	4
E_n（mm-mrad）	4	0.2	0.07	2	2
σ（x10^{-3}）	1	1	1	1	1
I（Amp）	100	2000	670	10360	10360
power gain length（m）	1.73	1.73	0.17	12.1	9.9
$λ_β$（m）	6.28	6.28	0.628	44	26
natural $λ_β$（m）	6.9	140	4.8	1860	830

右列為1Å 自由電子激光的具體數字。

（摘自 "Prospects for a 1Å Free-Electron_Laser Workshop"）

成的世界上第一個X射線自由電子激光（Linac Coherent Light Source,
LCLS）設計的波長是1.5Å，仔細對照上表中最後一列參數可以發
現，因為這組數據用的是1Å而不是1.5Å，這與多年後LCLS的設計
數據大約只差不到一倍。該組數據顯然適用於直線加速器提供的電
子束。

　　兩年後，即1992年，Barletta, Sessler 和我發表了一篇題為 "Using
the Two Mile Accelerator for Powering an FEL"的文章，再次給出了
用SLAC的直線加速器建造1Å和40Å自由電子激光的兩組參數。該
文與 Pellegrini同時發表的一篇建議用SLAC的直線加速器建造X射
線激光的文章為發起LCLS奠定了理論基礎。下面的示意圖表達了這
些工作與LCLS之間的邏輯關係。我們知道，LCLS於2009年開始運
行。

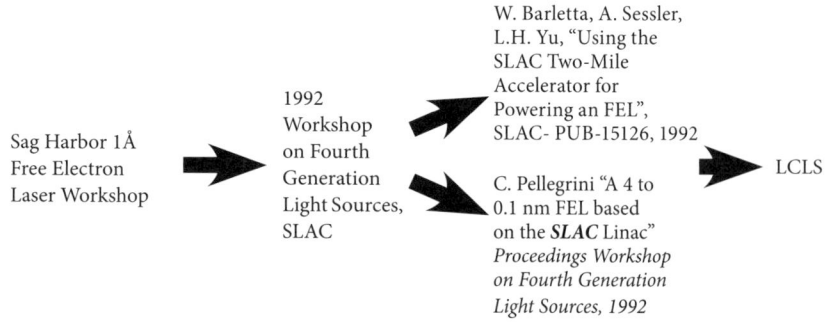

兩次研討會與LCLS之間的邏輯關係。

　　這些理論都是關於自發輻射放大的。這種輻射頻帶寬，不完
全相干。為此我發展了"高增益諧波發生"（High Gain Harmonic
Generation）的過程來產生全相干光，簡稱HGHG。自1990年後我

們便致力於用實驗來驗證這些理論。1997年及2002年我和Sam與Ilan Ben-Zvi及其他小組成員在布魯克海文國家實驗室分別實現了5μm和266nm的HGHG實驗，分別發表在 *Science* 和《物理評論快報》（見下圖）。這些實驗不僅證實了我們關於增益的計算，也證實了關於自發輻射啟動功率和諧波發生啟動功率的理論。至此，關於X射線自由電子激光的參數已經確信無疑了。

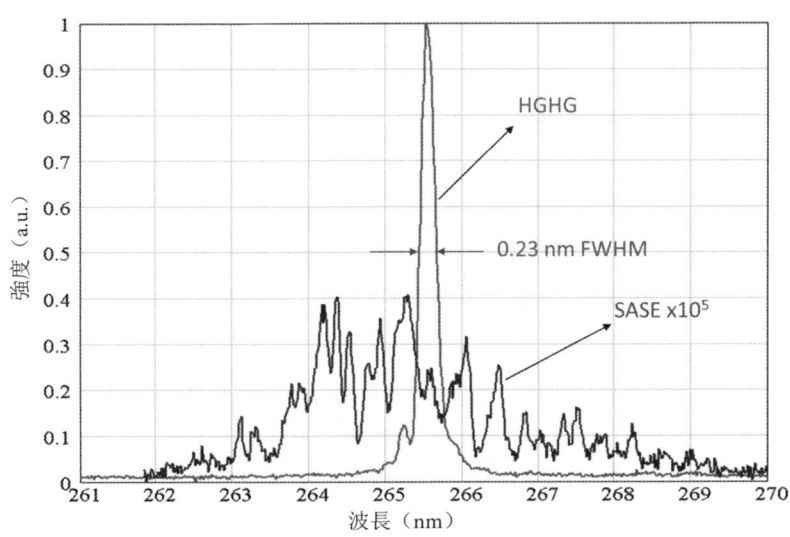

2002年HGHG光譜與自放大的自發輻射光譜的比較。
（摘自 *PRL*, 91, 7, 074801 [2003]）

三　發展中國的自由電子激光

自從到布魯克海文國家實驗室後，我有幸繼續常常見到楊先生，談論各方面的有趣題目。1997年前後，在交談中楊先生問起我

X射線自由電子激光的進展情況，我表示我認為這是一定會成功的。楊先生說："既然一定會成功，我應當建議中國發展自由電子激光。"楊先生很快開始了行動，向中國科學界的領導人建議向X射線自由電子激光方向發展。楊先生建議由陳佳洱、陳森玉和我在國內組織發展高增益自由電子激光。之後他又多次寫信，關注事情進展。

從此以後，我曾多次回到北京和上海，協助中國科學院高能物理研究所、北京大學、中國科學院上海應用物理研究所發展高增益自由電子激光。在前面的報告中，陳佳洱先生更為詳細地介紹了這些發展，而且展示了當年楊先生的建議書。陳佳洱先生還介紹了上海應用物理所取得的成功，我們看到了上海應用物理所相關諧波發生的實驗結果在 *Nature* 雜誌上發表的文章。我在這裏想提到的是另一項重大成果，即大連相干光源的成功。中國科學院大連化學物理研究所在上海應用物理研究所的協助下於2017年1月建成了工作在20–100nm範圍內的相干自由電子激光，所用的原理是 HGHG。這個激光是世界上第一座該波長範圍內的自由電子激光。其強大的全相干的激光吸引了世界其他國家的科學家來大連做實驗。這項成功取得了世界科學界的承認，並於2017年1月20日在 *Science* 上報道了。

中國科學院上海應用物理研究所正在試行運轉一項軟X射線自由電子激光，而且正在發展一項更大規模的高重復頻率的超導加速器驅動的硬X射線自由電子激光。中國的自由電子激光事業在楊先生的推動下已經向前邁出了一大步。

四　波函數的去相關收縮，玻色－愛因斯坦凝聚及其他

當我在布魯克海文進行自由電子激光和其他存儲環相關的工作時，我有幸繼續與楊先生討論各種物理問題。

1993年前後，量子力學的基礎問題中出現了進展，叫作"去相關性"。楊先生知道我一直關心著量子力學統計解釋的問題，特別是波函數在測量時的突然收縮。他找了我和當時正在石溪訪問的孫昌璞討論去相關問題。經過一番努力，我們解開了一個遵守薛定諤方程的粒子與一個充滿了簡諧振子的環境相互作用的問題。答案表明，波函數會收縮，而收縮時間等於粒子振動的衰減時間，而且波函數會收縮成一個由互不相干的點函數組成的統計分佈。我們發表的文章顯示了波函數收縮成點函數的過程。這顯然是一個十分有趣的答案。由此，剛到石溪時我心中抹不去的那個波函數收縮問題，雖然關於收縮到分佈函數中的哪一點似乎仍然神秘莫測，但畢竟從完全不可思議變得清晰了許多，使我得到了人生認知上的一個完全出乎預料的大收獲，這是人生最大的快樂之一。特別是，當想到我在此文開始時提到的怎樣打破我剛到石溪時的obsession，我更加感激楊先生的指點。

1995年前後，物理學上出現了一項重大的突破，就是玻色—愛因斯坦凝聚在氣體中的實驗證實。楊先生在20世紀50年代曾在此方向上做過非常重要的理論工作。40年前的理論工作終於可以與實驗比較了。新的實驗情況與40年前理論中的實驗環境有所差別，這在於新實驗中的粒子有一個位井。為了能比較，需要加上位井。為了

能推導公式，這次我對楊先生的文章必須一行一行地讀。在我了解了楊先生的這個理論後，楊先生在討論中提出了一個十分具體的問題，即能否求出在粒子相互作用為零時分佈函數的精確解。經過考慮，我想到如果按照費曼一本關於統計物理學的課程的書中所講，把現在問題中的溫度換成虛數的時間的倒數，這個問題的解就變成前面所提到的波函數收縮問題的解。這樣兩個看似毫不相關的問題居然是有密切聯繫的，體現了物理學理論之美。楊先生採納了這個解，作為後來在物理評論中發表的一篇文章的一小部分。我從中再次感到與楊先生工作中得到的巨大快樂。

最近，我在存儲環的工作中找到了一種用方陣解開非線性方程的方法。想到楊先生所講到的關於新礦藏有時可能會遍地是寶，這方法又是新的，我又有了更大的動力去尋找更新的解法。楊先生是我前進的動力。祝楊先生九五壽辰健康！快樂！

跟從楊振寧先生學習45年[*]

趙午

　　我是楊振寧先生的學生，到如今45年了。45年來我跟從楊先生經歷的學習過程可回憶的事情很多，借今天給楊先生祝壽的機會，從一個學生的角度來分享一些對我有特別意義的我所知道的楊先生。

一　我的學生時期

　　我1971年到美國紐約石溪大學讀書，1972年楊振寧先生收我做他的研究生。

　　回想40多年前我的學生時期，首先浮入腦海的就是楊先生對學生的關懷和耐心。記得當時我有較長一段時間裏幾乎每天都到他的辦公室"打擾"他一到兩個小時，完全沒有考慮他可能非常忙碌，

---

[*] 本文是美國斯坦福大學直線加速器中心趙午教授在楊振寧九五華誕慶祝會上的發言記錄，原載《物理》2017年第8期。

而當時楊先生竟從來未曾表示出他的忙碌，耐心接納了學生的打擾。這一幕今天回想起來令我汗顏，同時也領會到楊先生對學生的無限寬容與慷慨，我至今感激。

我相信我不是楊先生唯一寬容與慷慨的對象，楊先生對他所有的學生視同一律。他對所有比他資淺的同仁和朋友也都是如此。

說到我的學生時期，必然會回想起影響了我一生的重要事情。因為楊先生的指引，我在這個時期進入了加速器物理領域，之後為加速器事業貢獻了我一生的努力。這件事從1972年楊先生建議我去學習加速器物理入門起，接著1973年他安排我到布魯克海文（Brookhaven）半時全程學習加速器設計，到1974年他兩度與我深入討論為止，前後醞釀有近兩年的時間。今天回想，我能有這樣一位遠見無私、為了學生的事業規劃如此費心的老師，是我一生莫大的幸福與幸運。

楊先生很早以來就注意到加速器物理將發展成一門新的重要學科。他力排眾議，很早就請當時加速器領域的大學者庫蘭特（Courant）教授到石溪任教，在石溪"種下"了加速器物理的種子。之後，他經常鼓勵學生進入加速器領域。我是受楊先生鼓勵的學生之一。

轉入加速器物理對我來說不是一項容易的決定。要知道我當時完全沒有楊先生的洞見，更沒有他的視野——當時有如此洞見和視野的人極少，甚或基本上沒有。由於楊先生的鼓勵，加上庫蘭特教授的指導，我領會到了加速器物理的美妙，對加速器產生了很大的興趣。但最終轉入加速器行業，對當時的我來說還缺"臨門一腳"，這臨門的一腳在1974我即將畢業的一年到來。那年年初，楊先生兩次召我深談，懇談的場景至今歷歷在目——楊先生給我的是有關年輕人如何選擇事業方向的忠告。他說："不要去選擇流行的、人滿為患、粥少僧多的領域。要選擇一個有新發展、參與人數不多、僧少粥多的領域。"

1974年兩次深談之後，我做出了影響我一生事業的決定，轉入了加速器物理界，成為加速器物理學領域的一員。

除我以外，楊先生還引導了許多年輕人進入加速器物理的殿堂。例如王俊明、Sam Krinsky、Ronald Ruth、翁武忠、韋傑、余理華、李世元、Steve Tepekian等。他們在加速器界都很有成就，為加速器物理發展貢獻良多。今天的加速器物理界實多有受益於楊先生的真知灼見，而楊先生對加速器物理默默的付出與貢獻卻不為大眾知曉。

二　40年來的變化

自1974年以來，這40多年變化的是加速器領域的飛速發展。楊先生所預言的情景一一兌現。

當我1974年畢業時，基本上加速器的community是不存在的。"加速器物理"還不能成為一個專有名詞。我畢業之後的第一個工作職位是高能實驗家，而不是我真正做的加速器理論家，原因是沒有加速器的行當就無法開出一個對應的位置。當時加速器領域裏"四無"——無專門的組織、無學校的教學、無專業的雜誌、無獎項獎金的設置。一名學生要決定進入加速器領域，在當時是需要一定的勇氣和信心的。

　　經過40多年，情形完全改變了。"加速器物理"成為可以接受的名詞；加速器物理在美國、歐洲、日本、俄羅斯和中國的物理協會都成立了專業的部門，開辦了不少高水平的加速器物理專業雜誌，設置了多項加速器物理的獎項和獎金。

　　40多年來，經過許多人的努力，加速器物理爭取到了應得的待遇，是公認的物理大業中重要的一部分。今天在中國，就有多項或大或小的加速器計劃在進行中，更有些先進的計劃在籌備中。加速器事業的飛速進展使中國成為世界各國羨慕的對象。中國培養的加速器博士生每年大約100位。回顧1974年，當時全世界培養的加速器博士生只寥寥幾人。

三　一堂特別的課

　　2016年9月14日，楊先生在清華大學的辦公室裏開了一個特別課程，題目是Quaternions。原定時長為一小時，但是課程一個半小時才結束。老師是楊振寧，學生是我。楊先生94歲，我67歲。

　　開課之前的幾個星期，在楊先生和我的電子郵件的通信中，他談到費曼對理論物理的貢獻時說：

　　"Feynman's path integral is an intuitive guess… If it is made rigorous some day, Feynman would become an all time great."

　　以楊先生的嚴謹，以all time great三個字的分量，當時我對楊先生的這段話很不理解。我沒有追問，all time great的範圍是包含了愛因斯坦在內嗎？楊振寧呢？

在我表示不解的時候，楊先生說他可以給我開一個特別課程講解 quaternions，而在我懂了 quaternions 之後就會領悟到費曼貢獻的重要性了。他說：

"You see that like Hamilton, I love quaternions. It is really very very beautiful..."

1973年師生於石溪大學。

楊先生熱心地急切地想把他看到的 quaternions 的美麗，和 Feynman path integral 的深邃傳授給自己的學生。在2016年的9月14日，在他的辦公室裏，我是唯一的學生。

1981年師生於東京大學。

多年來，一直有一件事讓我覺得做得不夠。我逐漸意識到我有幸比我的同學們得到了一個無價的、近距離跟從楊先生學習的機緣，如果時光倒流，在學生時期，我會更好地把握這份幸運，跟楊先生更廣泛地學習，而不僅是特別之注意到物理的專業。我今天理解了，遲了，但我所得到的已令我受益一生。

祝老師生日快樂！

2016年師生於清華大學。

CEEC學者名單

　　中國改革開放之初，為了幫助中國學者到美國著名高等院校學習前沿科學理論，楊振寧於1980年在美國紐約大學石溪分校策劃、創辦並主持了Committee on Educational Exchange with China（CEEC，即中美教育交流委員會），自美國和中國香港募捐，建立訪問學者項目。下面是12年間在此項目下自中國大陸赴美國進修深造的學者名單。

學者	單位	捐獎者	時間
李育防	復旦微生物	利氏獎金	1981年1月到1982年1月
董太乾	北大物理	利氏獎金	1981年2月到1982年2月
楊福家	復旦物理	應行久夫人獎金	1981年9月到1982年1月
喬志德	西北工大應數	葛任門獎金	1982年2月到1983年2月
陳佳洱	北大物理	方樹泉獎金	1982年9月到1983年1月

學者	單位	捐獎者	時間
胡嘉琪	復旦生物	應行久夫人獎金	1982年9月到1983年6月
淩龍彬	交大電機	利氏獎金	1982年9月到1983年6月
劉有恆	北大電子	利氏獎金	1982年9月到1983年6月
徐筱傑	北大化學	楊志雲獎金	1982年9月到1983年6月
鄭轍	北大地質	楊志雲獎金	1982年9月到1983年6月
殷瑞	北航電機	葛任門獎金	1982年9月到1983年6月
顏其敏	復旦生化	應行久夫人獎金	1983年11月到1984年11月
宋行長	北大物理	馮景喜獎金	1983年9月到1984年6月
顏昌鑫	復旦物理	利氏獎金	1983年9月到1984年6月
葛墨林	蘭大物理	利氏獎金	1983年9月到1984年1月
沈煥庭	華東師大水科	楊志雲獎金	1983年9月到1984年6月
劉西垣	北大數學	方樹泉獎金	1983年9月到1984年6月
茹炳根	北大生化	何善衡獎金	1983年11月到1984年11月
胡照林	科技大化學	梁銶琚獎金	1983年9月到1984年6月
周源華	交大電機	呂寧榮獎金	1983年11月到1984年11月
魏西秦	西安醫學院	何善衡獎金	1984年2月到1984年11月
張永鋒	科技大化學	呂寧榮獎金	1984年9月到1985年6月
吳新濤	福建物結所	何善衡獎金	1984年9月到1985年9月
曹志浩	復旦數學	何善衡獎金	1984年9月到1985年9月
王雁斌	北大地理	梁銶琚獎金	1984年11月到1985年8月
鄧志典	北京醫學院	梁銶琚獎金	1985年1月到1985年12月

學者	單位	捐獎者	時間
馬力	高能所	楊志雲獎金	1985年6月到1986年3月
馬中騏	高能所	馮景喜獎金	1984年9月到1985年6月
舒德明	高能所	利氏獎金	1984年7月到1985年7月
蘇汝鏗	復旦物理	利氏獎金	1984年10月到1985年7月
夏志石	西北工大自控	葛任門獎金	1984年9月到1985年9月
錢不凡	上海骨科所	梁銶琚獎金	1985年4月到1986年1月
何士奇	南航	葛任門獎金	1984年9月到1985年6月
金忠翮	復旦化學	應行久夫人獎金	1985年8月到1986年9月
劉書麟	科學院系統	何善衡獎金	1985年8月到1986年5月
徐時	科學院物理	何善衡獎金	1985年9月到1986年1月
安瑛	科學院物理	何善衡獎金	1985年10月到1986年2月
嚴燕來	交大物理	梁銶琚獎金	1985年9月到1986年6月
李細佬	北大英語	梁銶琚獎金	1985年9月到1986年6月
楊燕屏	北京畫院	呂寧榮獎金	1986年1月到1986年6月
曾善慶	中央藝院	呂寧榮獎金	1986年1月到1986年6月
胡方西	華東師大	利氏獎金	1985年11月到1986年8月
沈津	上海圖書館	利氏獎金	1986年1月到1986年11月
殷寶深	南京航院	葛任門獎金	1985年9月到1986年6月
李邦義	交通大學	何善衡獎金	1986年9月到1987年6月
劉吾民	科學院	利氏獎金	1986年5月到1987年3月
石雙惠	科學院	梁銶琚獎金	1986年9月到1987年6月

學者	單位	捐獎者	時間
許斌	科學院	梁銶琚獎金	1986年9月到1987年6月
閻沐霖	科技大學	利氏獎金	1986年9月到1987年6月
趙平	社會研究院	應行久夫人獎金	1986年9月到1987年6月
張守濟	北京航院	葛任門獎金	1986年9月到1987年6月
羅弗蓀	上海腦研究所	梁銶琚獎金	1987年9月到1988年6月
唐鍔生	高能物理研究所	利氏獎金	1987年9月到1988年6月
沈津	上海圖書館	應行久夫人獎金	1986年12月到1987年9月
蔣明	北大材料學	方樹泉獎金	1987年9月到1988年6月
榮景斯	中央財經學院	利氏獎金	1987年9月到1988年6月
周科真	復旦經濟系	呂寧榮獎金	1987年9月到1988年6月
嚴克任	復旦數字系	何善衡獎金	1987年9月到1988年6月
李京琪	南京航空學院	葛任門獎金	1987年12月到1988年9月
董紹靜	浙大物理	查濟民獎金	1988年9月到1989年6月
徐海根	華東師大海洋	利氏獎金	1988年9月到1989年6月
石洪池	北航電機	葛任門獎金	1989年2月到1989年11月
張志良	上海交大機械	劉永齡獎金	1989年3月到1989年12月
張培華	研究生院物理	呂寧榮獎金	1989年2月到1989年11月
謝幹權	湖南計技所	梁銶琚獎金	1988年12月到1989年9月
陳梅	中國電影協會	梁銶琚獎金	1989年7月到1990年1月
程季華	中國電影協會	梁銶琚獎金	1989年8月到1990年2月
王慶吉	北京大學	利氏獎金	1989年9月到1990年6月

學者	單位	捐獎者	時間
蘇運霖	暨南大學	查濟民獎金	1989年11月到1990年8月
斐莊欣	西藏博物館	應行久夫人獎金	1989年10月到1990年7月
陳曉漫	復旦數學	利氏獎金	1989年9月到1990年6月
程藝	科技大學	劉永齡獎金	1989年10月到1990年7月
張文興	北航	葛任門獎金	1990年1月到1990年10月
曾善慶	中央藝院	旭日集團獎金	1990年6月到1991年3月
徐勝蘭	高能所	梁鍒琚獎金	1990年9月到1991年1月
吳奇	人民大學經濟	利氏獎金	1990年9月到1991年6月
戴顯熹	復旦物理	旭日集團獎金	1990年9月到1991年6月
李漢林	社會學所	利氏獎金	1991年1月到1991年10月
張奠宙	華東師大數學	查濟民獎金	1991年1月到1991年10月
蘇超偉	西安西北工大	葛任門獎金	1991年1月到1991年10月
薛康	南開數學所	旭日集團獎金	1991年11月到1992年8月
王元	北京數學所	旭日集團獎金	1992年11月到1993年3月
孫昌璞	東北師範大學	查濟民獎金	1992年10月到1993年6月

革命、保守與幸運

—— 楊振寧《晨曦集》讀後

陳方正[*]

　　將近二十年前，在楊振寧教授榮休的學術討論會晚宴上，楊先生的老朋友戴森（Freeman Dyson）發表了一篇著名的演講，將他稱為"保守的革命者"。為什麼呢？因為他雖然破壞了宇稱性守恆的思維結構，卻建立起由數學對稱性支配的非阿貝爾規範場，那日後成為物質結構最根本理論的基石，他雖然終身從事西方科學探索，卻仍然服膺於中國文化傳統。所以"革命領袖可以分為兩類：像羅伯斯庇爾和列寧，他們摧毀的比創建的多；像富蘭克林和華盛頓，他們建立的比摧毀的多。無疑，楊是屬於後一類的革命者……他愛護過去，儘可能少摧毀它。"這話講得非常中肯，因此深受楊先生欣賞。

　　當然，戴森所謂保守，並不等於固步自封或者墨守成規，而是在原有的基礎上建設、改良，穩步前進之意，這從楊先生最近分別

---

[*]作者為香港中文大學中國文化研究所原所長。

在大陸和新加坡出版的《晨曦集》可以看得很清楚。集子裏面的24篇文章剛好分為三部分：第一部分是他自己的演講、文章和座談記錄；第二部分是他對媒體發表的談話和家人對他的印象、觀察；最後則是學者（包括他的學生）和作家對他的回憶、觀察。從這些文章我們所會得到的整體印象便是，楊先生一輩子講求進步創新，在見解上卻極其穩重、謹慎，甚至到了獨排眾議，乃至得罪同行的地步。

最顯著的例子，自然便是他基於經濟和發展程度理由，堅決反對中國造大型對撞機。為此他曾經和國內外眾多高能物理學家以及相關學者數度激烈交鋒，《晨曦集》收入的（文章編號16e）僅是其中一篇而已。我們絕對想不到的是，遠在四十六年前回歸中國之初，他就已經在一個大型座談會上，為同類問題對高能研究所的年青學者大澆冷水（72a）。當然，更令人驚訝的例子，是他在1980年國際座談會上對著一眾頂尖理論物理學家宣稱（高能物理學的）"盛宴已經結束！"那句令人震驚的話（A00g），以及早在1961年他在麻省理工學院百年校慶討論會上對"未來基本理論"要"敲一下悲觀的警鐘"，"加入一些不諧的聲音"——那時他還不到四十，風華正茂，離規範場理論被重正化，和粒子物理學"標準模型"的建立、驗證還有十幾二十年！楊先生刻意提起半個多世紀前他這表面上並不中肯的預言，是要強調物理學還有大量未曾被發現的"底蘊"，諸如量子力學的波束塌縮、場論的重正化、粒子的質量譜系等根本問題之徹底解決，而這極其渺茫，甚至可能永遠懸疑。因此他強調"我不是悲觀，我只是務實"（15a）。而務實，應該說是保守的最高境界吧！這種態度不僅僅見於他所反對的，也同樣表現於他所贊同的發展方向。像他在清華高等研究院大力倡導凝聚態物理學（A17n），鼓勵余理華回國協助建造自由電子激光實驗室（A17o），兩趟忠告趙午轉向加速器物理學（A17q），以及對激原子束的高度重視（A00g），都是務實態度的最佳例子。

當然，楊先生的保守表現得最透徹的，還是晚年的落葉歸根。他對中國文化的全面認同，對中國前途的關心和盡力，對父母家人的深情厚愛，在在顯示他雖然在美國成名和工作大半輩子，雖然飽受西方觀念熏陶也入了美國籍，但最終認同的卻仍然是神州大地（A17c）。而他回到中國之後所致力的，仍然是踏實地推動物理學發展和教育改革，在這兩方面他都很冷靜地看到了中國的落後和困難，但和許多知識分子之著力於批判不同的是，他也看到了中國體制的長處和由此帶來的巨大希望（11q，86k）。那無疑就是一種最務實也最保守的態度。

2016–17年間阿法圍棋軟件打敗了所有人類頂尖高手，轟動一時，和許多其他人一樣，我因此對人工智能發生極大興趣，認為它將在不久的將來徹底改變世界。但談起來楊先生卻對這個觀念完全不能夠接受。他認為，即使再過半個甚至一個世紀，人工智能恐怕還不可能趕上一個小孩子的頭腦，它大概永遠不會能夠和人類比肩。"現在不是都熱衷於人工智能嗎？這些東西離小牛跟它母親之間的複雜關係，那還是差得很遠呢！"他如此保守的態度到底是從何而來的呢？歸根究底，就是來自對於大自然的敬畏："我認為我們永遠不會把所有的宇宙的複雜的結構都完全了解，……因為人是有限的，而宇宙是無限的，所以沒法能夠完全了解。"（A17l）

他這句話自然立刻就讓我們想起牛頓晚年的喟嘆來："我不知道其他人怎麼樣看我，但對自己來說，我像是一個在海邊玩耍的小孩子，以不時找到一些特別光滑的石卵或者漂亮的貝殼自娛，而整個真理的大洋就躺在我面前等待發現！"當然，楊先生經常提到的牛頓同樣是一位極其保守的革命者。他必須革命，是因為要建立跨越空間，無遠弗屆，無物能夠阻擋的萬有引力，便要打破當時已經牢牢地建立起來的笛卡兒"機械世界觀"（mechanical philosophy），它是堅決認為物體必須相互接觸才能夠傳遞力量的。然而，他又極其保守，認為當時流行的代數方程式過於繁複抽象，自己發明的"流數法"（即微積分學）又不夠嚴謹，所以寧願選擇自古流行的幾何證題方式作為他畢生鉅著《自然哲學的數學原理》的論證和推理工具。甚至，在宗教上，牛頓也同樣是個保守的革命者。他一方面通過自己的研究，判定教會奉行了一千三百多年的"三位一體"信條為根本錯誤，另一方面卻堅信科學定律只會彰顯上帝之大能，《啟示錄》所預言的末日必將來臨，彗星則可能是上帝用以毀滅地球的非常手段！

楊先生曾經多次承認，自己非常幸運：從天賦、家庭、教育、事業，以至晚年第二次婚姻都莫不如此。但我想他覺得一生最幸運，最高興的事情，應該莫過於見到中國終於脫離屈辱，而日益富強起來。他在八十五歲的時候將自選文集定名為《曙光集》，又在九五高齡將現在這本文集定名為《晨曦集》，如在此書〈前言〉所說，都是要表明中國已經度過漫漫長夜，行將見到旭日東升之意。

同樣，牛頓也是很幸運的，可以說比楊先生還要幸運。他生於殷實務農之家，寡母不解他的志向，卻由於中學校長和舅父的斡旋，得以進劍橋聖三一學院；當時大學暮氣沉沉，毫無學術氣氛，教師大都屍位素餐，他卻碰上了校內唯一有心有學問的教授巴羅（Isaac Barrow），並且由於他的賞識和另一位熟人的提攜，得以留校當院士，不久巴羅更讓位予他，遂得不問世事，專心閉門治學，以迄成就大業。這不是極端的幸運是什麼？而在他出版《原理》之後短短　年，英國就發生了翻天覆地政治鉅變，舉國痛恨的天主教徒國君被逐，信奉新教的荷蘭執政被迎立為王，那就是眾所周知的光榮革命。牛頓在大學任教時孤僻耿介，獨善其身，這時卻出來競逐劍橋國會議席，並且當選為兩位議員之一。他此時心情，恐怕不止於見到曙光或者晨曦，而當是天的大亮了吧！事實上，自此英國的確也就一帆風順，在科學、文化、經濟、政治、外交等各方面蒸蒸日上，以至成為歐洲最強盛國家──當然，那還遠在一個多世紀之後。所以，楊先生很謹慎地以晨曦來形容他所見到的今日中國，是再恰當沒有了。

　　但就對中國的長遠期望而言，他的幸運是否也會及得上牛頓呢？那當然只好留待後世去評說。不過，在全球化浪潮鋪天蓋地的衝擊下（它目前激起的抗拒恰好說明其力量之龐大），屆時國家之間的競爭將蛻變為何種形態，是否仍然有今日的意義，恐怕就沒有人能夠預言了。

2018年9月18日於用廬

後記

　　2007年楊先生的《曙光集》出版。我曾在書裏的"編前言"中說，那本書記錄了20多年間"他走過的，他思考的，他了解的，他關心的，他熱愛的，以及他期望的一切"。《晨曦集》是《曙光集》的續集，仍是先生的心路歷程，只是增加了一些別人關於他的文章。

　　《晨曦集》的出版又值先生九十五歲壽辰。先生常說他的一生非常非常幸運。與先生在一起十幾年，漸漸明白了，一個如此幸運的人，他關心的必然是超越個人的事情。同樣，一個如此幸運的人，自然是率真、正直、無私的，因為他從來不需要為自己計較得失。他本可以簡單地做一位高居於科學金字塔頂端的活神仙，可是他對國家民族的責任感，讓他義無反顧地堅持他認為重要的事情。

　　先生很喜歡"晨曦集"這個名字，因為它寄託了先生一生的期望。

翁帆
2017年8月於清華園

1936年，北平少先隊組織的西山遊。最右穿長袍的是陶聲垂（婁平）。楊振寧坐在中間最下。他的左上戴眼鏡的是彭里仁。彭的右上是朱邁先，朱自清先生的長子。陶、楊、彭、朱四人當時是崇德中學的學生。最左的女生是郝詒純。

1949年夏攝於芝加哥大學南面公園中。鄧稼先（左）與楊振寧之弟楊振平在彈彈子。

1954年楊振寧的長子楊光諾與愛因斯坦攝於普林斯頓。

1982年，CEEC學者（即楊振寧策劃和籌款資助的中美教育交流項目的訪問學者）在紐約州立大學石溪分校聚餐。左四為後來擔任中國科學院院士、北京大學校長的陳佳洱。

1984年夏，攝於美國Brookhaven實驗室。楊振寧母親於88歲高齡做了一生唯一一次的美國遊。楊振寧特別陪她到此窗外照了此相片。窗內的辦公室是他於1954年和1956年分別寫一生最重要的兩篇論文的地方。

中山大學冼為堅堂命名典禮。1980年，冼為堅、楊剛凱、李華鍾、陳耀華、楊振寧等人在香港成立基金會，為中山大學募捐，以幫助中山大學開展研究工作。此樓建成於1990年。

1999年5月，楊振寧退休學術會議在美國紐約州立大學石溪分校舉行。

2002年6月，楊振寧80歲生日慶祝大會在清華大學舉行。眾學者雲集，包括14位諾貝爾獎得主，圖為一部分與會者的照片。

2005年，攝於廣州。

2005年，攝於"邵逸夫獎"頒獎典禮上。

2005年，Jim Simons夫婦捐贈給清華大學高研院的住宅樓落成。左一是時任清華大學校長的顧秉林，右一是物理學家聶華桐。

2007年，初學打太極（一）。

2007年，初學打太極（二）。

2007年，攝於新疆阿克蘇市近郊。

科學家楊振寧塑像。2008年，雕塑家吳為山將此塑像贈送給香港中文大學。

范曾曾畫陳省身、楊振寧像。

2009年秋，攝於"邵逸夫獎"頒獎典禮上。

2009年，攝於重慶求是基金會頒獎典禮上。

2009年，攝於沙特阿拉伯。

2010年，攝於四川雅安。

2011年，攝於美國紐約州立大學石溪分校Shorewood客舍。

2011年，攝於銀川賀蘭山腳下。

2012年，在中國農業大學回答一位同學的問題。

2012年，慶祝楊振寧九十壽宴上，許鹿希發言，講到1971年楊振寧回國"救了鄧稼先，免於一劫"。

2014年，攝於香港中文大學辦公室。

2016年，攝於東莞理工學院。

2017年7月，清華大學高研院慶祝楊振寧95歲晚宴後，攝於陳賽蒙斯樓前。

昆明西北郊龍院村惠家大院在1940–1943年間曾住進了西南聯大避空襲的十餘位教授的家庭，楊振寧當時是西南聯大學生，假日也曾在此居住。

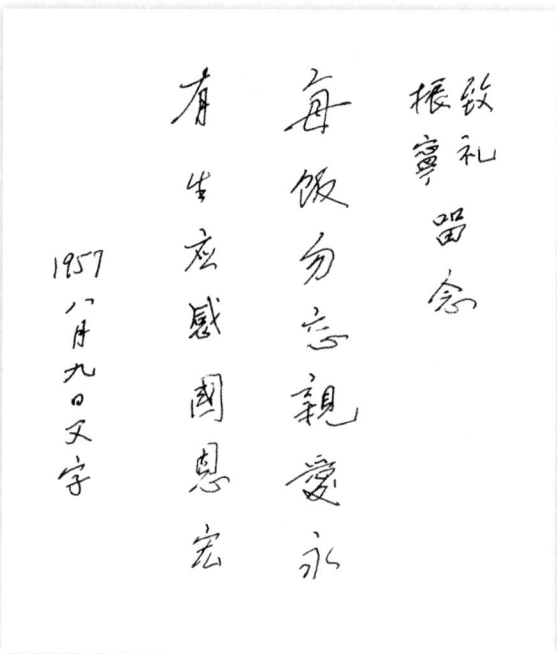

1957年夏，楊振寧的父親飛到日內瓦與楊振寧、杜致禮和楊光諾（六歲）團聚。8月9日晨，父親留下這兩句話給兒子和兒媳。

1971年，中國駐法國大使館為楊振寧回國簽發的臨時簽證。據
此，楊振寧成為第一個歸國訪問的華人科學家，完成了中美學
術關係解凍的"破冰之旅"。

| 1971年10月22日
2 | 石溪通訊 | BOX 610 STAGE 12
S. U. N. Y.
STONY BROOK
N.Y. 11790 |

爲有犧牲多壯志
敢教日月換新天
楊振寧先生講中華人民共和國之行印象中譯全文

時：一九七一年九月廿一日下午八時
地：紐約州立大學石溪大學
（本譯文未往楊振寧先生逐目修改）

雖然事前有人告訴我，可能有不少聽眾，可是我沒料到有這麼多，幾分鐘前有人建議，爲了避免這樣過多的聽眾，最好是宣佈此次演講的内容是關於物理學，吉歸正傳。我認爲美國人士對找到中華人民共和國之行所表示的濃厚興趣正表明兩國對彼此認識的需要是真誠而迫切的。首先讓我的大事報告此行的經過。四月裏，我得到消息，說我父親卧兩醫院——事實上，目前他仍在上海的一所醫院——事實上，他在三月

業曾經昏迷不醒。在這同時，美國國務院取消了過去十年禁止到中國旅行的限制，經過我考慮之後，我決定利用這機會回去探望我的父親並且看看中國──我生長居住了十三年的國家，我是在一九四五年離開中國的。

我在中國逗留了四個星期，大約兩星期在上海，兩星期在北京，其間，我到合肥去了一天，合肥離上海約三四百哩，我在那兒出生，而且住到六歲大，我還花了一天的工夫，參觀有名的模範人民

公社──大寨。因爲我很想瞭解中國農業問題的解決方法。

在北京和上海，我參觀了三所大學──復旦、清華和北大，我還

1971年，楊振寧訪問新中國後，以"爲有犧牲多壯志，敢教日月換新天"爲題，在美國紐約州立大學石溪分校做了演講，引起轟動。這是那次演講記錄的封面。

Display Ad 888 — No Title
New York Times (1923-Current file): Feb 27, 1977;
ProQuest Historical Newspapers: The New York Times with Index
pg. 150

"BETTER TO MEND LATE THAN NEVER"
COMPLETE THE TASK IN US-CHINA RELATIONS

Will the US continue to isolate itself from its own allies by a China policy inconsistent with American interests & commitments?

AN OPEN LETTER TO PRESIDENT CARTER

「亡羊補牢，猶未為晚！」

Dear Mr. President,

Five years have passed since the U.S.A. & China signed, on February 29, 1972, the Shanghai Communique. This historic document began & promised the continuance of "progress toward the normalization of relations between China and the United States." Some good results have followed: an end to the danger of war between these two great nations, nearly $3 billion in trade, a flow of visits & cultural exchanges, among them doctors, scholars, farmers, athletes, artists and others.

But normalization has got stalled on the road. Will Sino-American relations move ahead, or be bypassed by history? We, the undersigned, Chinese-American and friends from all parts of the country, urge you to establish full diplomatic relations during 1977 with the people's Republic of China.

The United States declared in the Shanghai Communique that it "acknowledges that all Chinese on either side of Taiwan Strait maintain there is but one China." This re-affirmed the U.S. stand in the Cairo Declaration of 1943, repeated in the Potsdam Declaration of 1945, that after the war Taiwan & other Chinese territory taken by Japan would be returned to China.

Along the lines of the Shanghai Communique, & inspired by it, key Pacific allies of the U.S.A.-Japan, Australia, New Zealand normalized relations with China by the end of 1972, more than 100 nations including almost every country of Asia and Europe, enjoy full ambassadorial relations & regular trade ties with the people's Republic of China. Will the U.S. continue to isolate itself from its own allies by a China policy inconsistent with American interests & commitments?

The U.S. avowed in the Shanghai Communique: Its interest in "a peaceful settlement of the Taiwan question by the Chinese themselves." We cannot further this goal by continued military involvement with Taiwan, & by recognizing as the government of China a regime that was discredited and driven out by the Chinese people 28 years ago.

Experience in Asia should have taught us that our military entanglement in China's internal affairs could lead to open-ended escalation, with grave consequences for the American people and world peace, especially if certain ambitious elements in the province of Taiwan should choose to spark off an incident. As former Senator Mike Mansfield wisely pointed out in a farewell report last November 22:

"Further delay could well prove to be another in the long series of disastrous miscalculation which have afflicted U.S. foreign policy in Asia since World War II. Solving this problem will put the United States in a unique position in the triangular relationship. If we act more wisely than in the past, we will act now, not on the basis of emotional catch-phrases, but on the basis of rational contemporary American interest in the Western Pacific. Fundamental to the safeguarding of these interests, is an open diplomatic door between the government of what will soon be a billion Chinese, organized in a dynamic technological state, and the government of the people of the United States."

Mr. President, a wrong policy toward China has obstructed traditional links between American & Chinese for too long, & helped involve the United States in two tragic wars in Asia. We urge you to follow the course set by President Franklin D. Roosevelt 44 years ago, who recognized the reality of the USSR & took the necessary step of establishing diplomatic relations with it. The United States and China should have full diplomatic relations now.

As you said, Mr. President, "Why not the best?" Normalization with China for stability in Asia! Our best wishes for your success.

National Association of Chinese-Americans

全美华人协会

National Chinese-American Committee for the Normalization of United States-China Relations

New York Committee: Dr. Chen Nie Yang, Dr. S. S. Chern, Dr. T. T. Wu, Dr. Min-Chiang Niu, Mr. Siang-Mei H. Chang, Ms. Yuan Hsiao Yuan, Mr. Tommy Lee, Mr. Yeh Nan, Mr. Lloyd Fong, Mr. Heng Sing, Mr. M. H. Liu, Mr. Y. L. Li, Mr. Kou Liang Lou, Mr. Chien yau-lien, Mr. Handing Chow

Washington, D.C. Committee: Chin Pien Li M.D., Dr. Yang-ming Chu, Dr. Pingdi Ho, Mr. Lien Y. Ho, Dr. C. K. Jen, Ms. Tang Pe Tsuen, Dr. Chieh Chien Chang, Mrs. Helen Fu Hays, Dr. Beverly Hung Pincher, Mr. C. Y. Shaw, Mr. Van S. Lung

Northern California Committee: Grace Chen, Haurice H. Chuck, Thomas Hsieh, Jackson Hu, Joe Yuey, Gorden Lau, C. C. Lee, Rolland Lowe, Shirley Sun, Alex Tseng, Ling-Chi Wang, Gilbert Woo, William D. Y. Wu,
Southern California Committee: Dr. Albert H. Yee, David F. Lee, David Chu, Roland Hsu, Robert Chan, George Cheng, Lilia Li

Contributors and Supporters (partial List)

Yun Tai Miao	T. C. Fu	Say Kee Chan	James Liu	C. S. Yun	Sun Su Ze	Ha Wai Kin
G. A. Chon	C. Y. Han	Kan Fong Chan	E. C. Chu	K. M. Chen	Fu Pa Sam	Chao Pei Wen
Chan Yin Ming	S. A. Hu	Philip Chang	C. F. Wang	L. F. Huang	Wu Yen Fu	Lin Wen Chi
Grace Chen	Stanley Hu	Lillian Tang	S. H. Tung	W. N. Lin	Kary Pin Hslen Ho	Lai Hwa Yuck
William Yu	K. C. Lee	Richard Yang	W. W. Wong	F. O. Hu	Han Pah Fong	Tang Fong Sing
H. Q. Yin	J. H. Lee	Hwa Chang Chao	S. A. Wong	L. Y. Liang	Fu Kua Fong	Su Chao Kwi Ying
Peping Chang	M. O. Liu	Chi Hai Chao	Y. Ma	S. K. Chen	Ah Po	Wong Sel Hong
C. Chang	C. Y. Ou	H. T. Lem	S. K. Ma	W. M. Yeh	Lee Sul Chl	Fong Su Lan
Y. Chen	Lu Vung Shen	C. M. Yuan	C. F. Liu	S. S. Mao	Yun Chong Yu	Wu Siu Leu How
S. M. Chen	C. K. Wu	K. Y. Chou	S. Tang	J. W. Chen	Liu Chuck Ming	Wong Ah Liang
C. H. Chen	K. C. Wu	C. P. Fan	W. H. Chong	Huang Peh Chein	Tal Chin Ku	Tan Ping Fen
Peter Chu	James L. B. Chong	F. L. Zee	Quico Chee	Jin Sing Ching	Wong Jen	Kuo Sun Peh Yun
L. T. Fan	Taung Chi Tsu	Z. Chen	Kwok Sang Yee	Chen Sing Kang	Tai Hwa Restaurant	Wu Chl Fong

Please send us your comments and contributions to help for wider circulation of this statement to your Congressional representatives and urge them to press immediate establishment of full diplomatic relations between the U.S. and China.

NATIONAL ASSOC. of CHINESE-AMERICANS
185 CANAL STREET, N.Y. 10013

1977年2月27日，《紐約時報》以"亡羊補牢，猶未為晚"為醒目標題，全版刊登全美華人協會的公告，呼籲中美建交。當時楊振寧是全美華人協會會長。

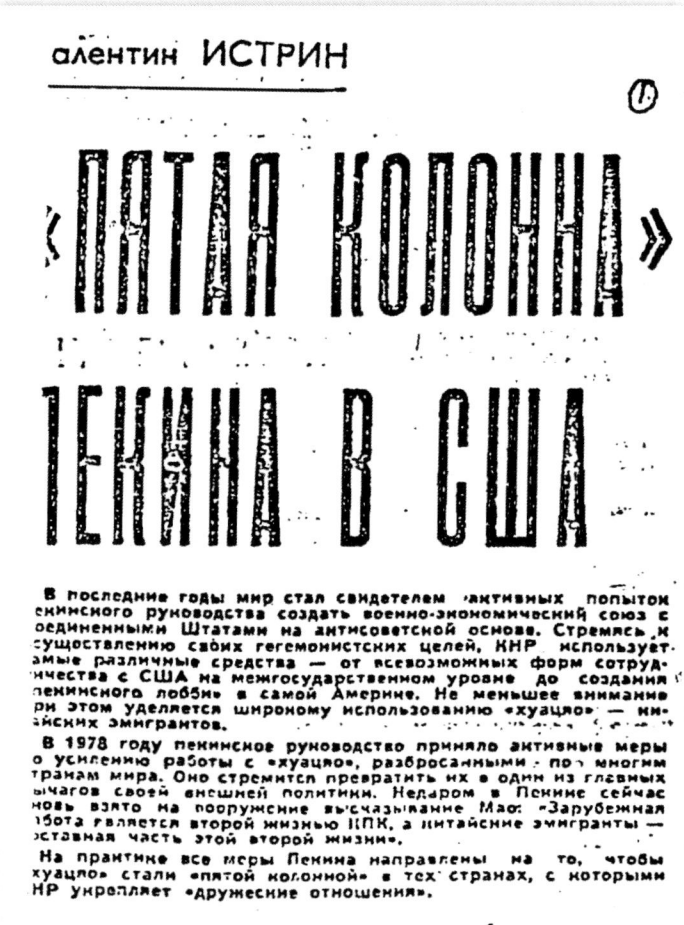

1979年3月7日，蘇聯*Literaturnaya Gazeta*刊載此文，謂楊振寧是中國在美國的"第五縱隊"。

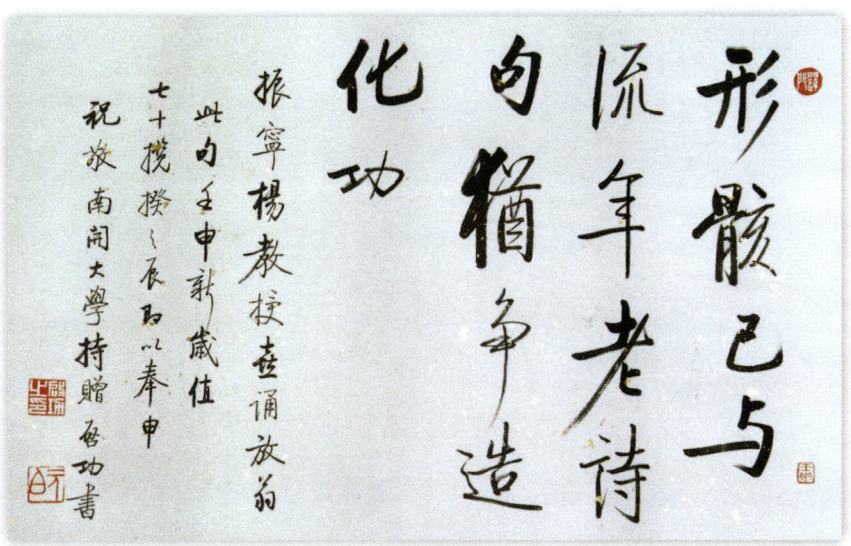

1992年，南開大學以此啟功書法作品為楊振寧祝壽。楊振寧翻譯陸遊的兩句詩
為：My body creaks under the weight of passing years, my poem aim still to rival the
perfections of nature.

2017年9月14日，楊振寧、翁帆等參觀上海應用物理研究所的自由電子激光設備
（FEL）。這個設備目前正在調試，將產出波長10nm的激光，可以大大增加研
究分子結構的分辨率。FEL是20世紀末新發明的設備，楊振寧多年來多次建議
中國建造FEL，爭搶世界第一。他的建議現在終於實現了，他十分高興。

2017年9月，香港中文大學慶祝楊振寧先生95歲
壽辰。

延 伸 閱 讀

閱覽 八方 共享文化

香港、臺灣、馬來西亞讀者可以使用該地貨幣購書，
我們的書籍也以美元定價。請參考本公司網上書店。

《曙光集（增訂版）》
楊振寧 著
翁帆 編譯
ISBN 978-981-283-994-7

簡體版
《六十八年心路
(1945–2012)》
楊振寧 著
ISBN 978-981-4632-54-6

簡體版
《永不退縮
——諾貝爾獎得主
艾倫·黑格的傳奇一生》
艾倫·黑格（Alan Jay Heeger）著
曹又方 譯
ISBN 978-981-3222-28-1

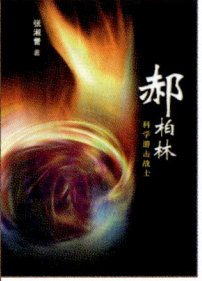

簡體版
《郝柏林
——科學游擊戰士》
張淑譽 主編
ISBN 978-981-3233-29-4

推薦網站：全球華人專業人士網絡
www.networkchinese.com

歡迎瀏覽本公司網上書店查閱其他書刊及優惠配套
www.globalpublishing.com.sg

閱覽 八方 共享文化

八方文化創作室

晨曦集

編　著	楊振寧　翁帆
企劃編輯	潘國駒
責任編輯	盛耿捷
封面設計	陳寶凌
內頁設計/排版	李麗芳
出　版	八方文化創作室 （世界科技出版公司之附屬機構） 5 Toh Tuck Link, Singapore 596224 www.globalpublishing.com.sg
聯　絡	65-64665775 chpub@wspc.com
印　刷	Mainland Press Pte Ltd
初　版	2018年10月
國際書號	978-981-3278-07-3（平裝） 978-981-3278-06-6（精裝）
定　價	S$28（平裝） S$58（精裝）
版權所有	©2018八方文化創作室

八方文化創作室，簡稱八方文化，以世界科技出版公司爲後盾，致力於推動新加坡的中文出版，并且放眼全球華裔的人文舞臺。我們的重心在於介紹世界各地華人學者及作家的言論與著作，同時也積極推動各類藝術與文化活動。八方文化期望以出版良心作信念，以高素質爲訴求，爲各地中文讀者多開啓一扇東西文化的窗户，共同努力營造一個富有質感和充滿活力的人文空間。

世界科技出版公司總部及海外分公司

總部 (新加坡)
World Scientific Publishing Co. Pte. Ltd
5 Toh Tuck Link
SINGAPORE 596224

新澤西
27 Warren Street
Suite 401–402, Hackensack
NJ 07601, USA

倫敦
57 Shelton Street
Covent Garden, London
WC2H 9HE, ENGLAND

北京
北京市海澱區中關村東路18號
財智國際大廈B1505
郵編100083

上海
中國上海灘國際大廈
黄浦路99號2003室
郵編200080

香港
香港尖沙咀山林道
46–48號
運通商業大廈1004室

台北
台灣台北市10091
羅斯福路四段
162號8樓

真奈
No. 16, South West Boag Road
T. Nagar, Chennai 600 017
INDIA